JULIA BARBARINO
MIT SABINE WÜNSCH

AUF DER ALM

Vom Glück des einfachen Lebens

JULIA BARBARINO
MIT SABINE WÜNSCH

AUF DER ALM

Vom Glück des einfachen Lebens

Sommer in den Bergen

LUDWIG

Klimaneutral
Druckprodukt
ClimatePartner.com/14044-1912-1001

MIX
Papier aus verantwortungsvollen Quellen
FSC® C014889
FSC www.fsc.org

Penguin Random House Verlagsgruppe FSC® N001967

Redaktion: Evelyn Boos-Körner
Umschlaggestaltung: Eisele Grafik-Design, München,
unter Verwendung der Fotos von Kay Blaschke
Bildredaktion: Tanja Zielezniak
Verwendung der Liedtexte auf den Seiten 11 und 131
mit freundlicher Genehmigung
der Kärntner Volksmusikanten *Die fidelen Mölltaler*
Satz: Leingärtner, Nabburg
Druck und Bindung: Pustet, Regensburg
Printed in Germany
ISBN: 978-3-453-28137-0

www.ludwig-verlag.de

Inhalt

Für Magdalena, Luise, Josef und Karolina

Eine Herde weißer Schafe
ist mein Königreich
und die kleine Hütte
mein Palast.
Und das Edelweiß am Felsen
ist mein Diamant.
Ich bin so stolz
auf mein geliebtes Land.

Hohe Berge, steile Felsen, Alpenglühn.
Schafe weiden, wo die schönsten Blumen blühn.
Alpenrosen, Arnika und Edelweiß
ja meiner Heimat gilt der höchste Preis.

Anfang eines Liedtextes
der Kärntner Volksmusikanten
Die fidelen Mölltaler

Vorwort

Was ist das, wenn einen beim ersten Läuten von Kuhglocken im Frühling eine Sehnsucht überkommt, man ein Ziehen im Herzen fühlt, am ehesten vergleichbar mit Heimweh? Das ist das »Alpweh«. Auf einmal hat man den Geruch des Almsommers in der Nase, eine unvergleichliche Mixtur aus altem, sonnenverbranntem Holz, Kuhmist, warmer Kuh, an die man sich beim Morgenmelken schlaftrunken anlehnen kann, aus dem harzigen Duft des Waldes und dem Aroma würziger Kräuter und saftiger Gräser. Man hört die Kuhglocken bimmeln, das Feuer im Holzofen knistern. Man verspürt das wohlige Gefühl, das einen am Abend überkommt, wenn man erschöpft, mit schmerzenden Händen und wehem Rücken von des Tages Arbeit, aber unendlich glücklich und zufrieden auf der Hausbank vor der Almhütte sitzt und zuschaut, wie im Tal langsam immer mehr Lichter angehen und über einem nach und nach unzählige Sterne am Nachthimmel erstrahlen. Man fühlt den Frieden, der einen erfüllt, wenn man sich vom Klang der Kuhglocken in den Schlaf wiegen lässt.

Seit 2008 bin ich – mit nur zwei Unterbrechungen in den Jahren 2013 und 2014 – jeden Sommer mit meinen anfangs zwei, dann drei und inzwischen vier Kindern für einige Wochen als Sennerin auf einer Alm. Auch meine Kinder hat das »Almfieber« gepackt. Wie ich fiebern sie schon ab dem Herbst auf den nächsten Almsommer hin und können es kaum erwarten, bis es wieder losgeht. Ich empfinde es als großes Privileg, meine Freude am einfachen, auf das Wesentliche beschränkten und doch so wunderbaren Leben in und mit der Natur mit meinen Kindern teilen zu können. Und ich bin auch ein wenig stolz darauf, dass ich meinen Kindern etwas für mich ungemein Wichtiges vermitteln konnte: Es braucht wenig, um glücklich zu sein.

Oder, um es mit den Worten eines Freundes zu sagen: Die Einfachheit der Einfachheit liegt in ihrer Einfachheit.

Romantische Vorstellung und Realität

0453

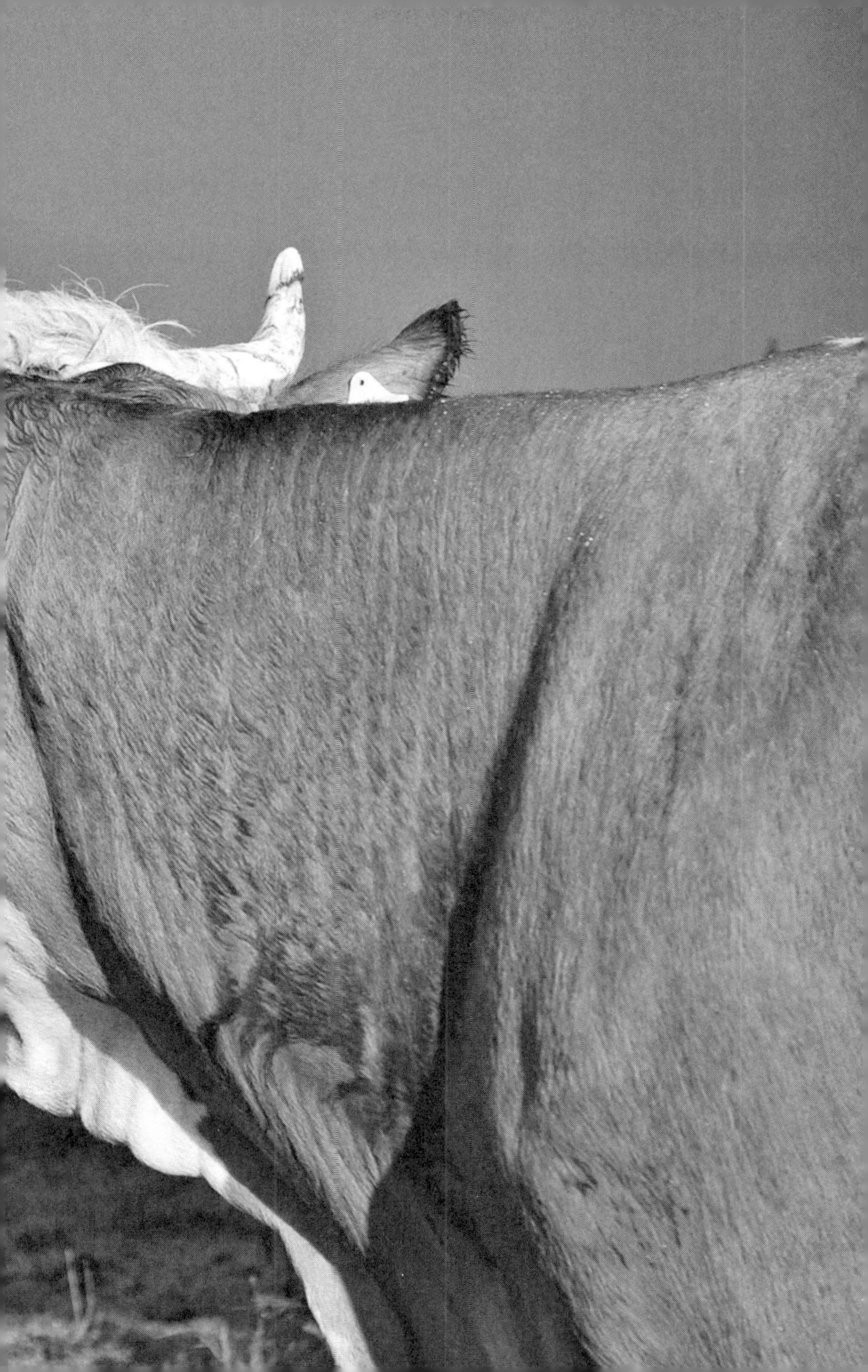

Seit einigen Jahren gibt es einen regelrechten Hype, immer mehr junge Menschen gehen für einen Sommer auf die Alm, und mittlerweile kann man die Fernsehbeiträge und zig Bücher zu diesem Thema schon gar nicht mehr zählen. Ich merke ja selbst, wie mir die Menschen regelrecht an den Lippen hängen, wenn ich von dem Leben auf der Alm erzähle. Ich weiß nicht, woher das Interesse und die Faszination kommen. Vermutlich liegt es daran, dass wir desto mehr Sehnsucht nach der Natur und einem naturnahen Leben verspüren, und sei es nur auf Zeit, je mehr wir uns im Alltag davon entfernen. Warum sonst zieht es so viele Leute aus der Stadt am Wochenende in die Berge? Warum sonst ist Wandern auf einmal ein Massensport? Warum sonst herrscht dieses unglaubliche Interesse am Wald, warum sonst gibt es gar einen Trend, der sich »Waldbaden« nennt? Sicher spielt auch eine Rolle, dass vor allem die jüngere Generation ein immer stärkeres Bewusstsein für die Natur und generell die Umwelt entwickelt. Das fängt bei *Urban Gardening* an, dem Gärtnern auf kleinen städtischen Flächen, und hört bei *Fridays for Future* noch längst nicht auf.

Die meisten Menschen haben aber recht romantische Vorstellungen vom Almleben, und so erwarten viele, die sich erstmals als Senn oder Sennerin verdingen, ein paar Wochen reinster Bergidylle, in denen sie mal eine Kuh tätscheln und die übrige Zeit die Natur genießen. Ich kenne einige Möchtegern-Almer und -Almerinnen, die bereits nach einer Woche das Handtuch schmissen, weil die Realität halt ganz anders aussieht. Es gibt die romantischen Momente, wenn man Besuch von seinem Schatz hat und abends mit ihm vor der Hütte sitzt, über sich einen funkelnden Sternenhimmel, oder sich vor dem alten Holzofen in der Hütte aneinanderkuschelt. Es gibt die Idylle mit friedlich grasenden Kühen, mit Gämsen, die leichtfüßig die Bergwände hochklettern, mit Murmeltieren, die sich spielerisch vor dem Bau balgen, oder manchmal einem Reh, das sich, mehr vorsichtig als mutig, am Waldrand zeigt.

Almleben ist jedoch vor allem Arbeit, bisweilen harte, anstrengende Arbeit. Das Umstechen des Misthaufens, das Schleppen schwerer Milchkannen oder das Herumhieven großer Heuballen erfordern Kraft. Und man muss das Alleinsein lieben oder zumindest gut aushalten können. Ich selbst war zwar bislang immer nur für ein paar wenige Tage allein, sonst waren immer die Kinder – und oft auch ein anderer Erwachsener – auf der Alm, aber diese wenigen Tage habe ich, meine Kinder mögen es mir verzeihen, unglaublich genossen. Ich konnte tun und lassen, was ich wollte, und ganz nach meinem eigenen Rhythmus leben.

Wer als Senn oder Sennerin auf eine Alm gehen möchte, um Geld zu verdienen, sollte es besser bleiben lassen, denn die Almarbeit ist schlecht bezahlt. Das gilt zumindest in Deutschland und Österreich. In der Regel ist der Lohn so gering, dass er nicht einmal die Unkosten deckt, die zu Hause an Miete, Nebenkosten et cetera weiterlaufen. Und bezahlt wird meistens nur *ein* Senn oder *eine* Sennerin. In den ersten beiden Jahren, in denen meine Schwester Sophie mit auf der Alm war, mussten wir uns den Lohn also teilen. Und wenn mein Mann Schorschi sozusagen in Teilzeit auf der Alm arbeitete oder meine Großcousine Karolina mithalf, gab es ebenfalls nicht mehr Geld. Wenn man Käse herstellt und ihn zu einem guten Preis verkaufen kann, geht man mit etwas Glück ohne Verlust in den Herbst. Es braucht also sehr viel Liebe zu Tieren und zur Natur und ein gewisses Maß an Leidenschaft und an Idealismus, um eine Alm zu bewirtschaften. Dann allerdings winken als Lohn Zufriedenheit, Ausgeglichenheit und Glück. Auf der Alm, mitten in der Natur, wird man empfindsamer und lebt mehr mit allen Sinnen. Man konzentriert sich auf das Wesentliche, denn viele »Störfaktoren« wie Fernseher, Mobiltelefon und soziale Medien fallen weg. Man erlebt eine Art Entschleunigung. Für mich persönlich steht die Natur über allem, ich lebe am liebsten draußen, wo ich das Zusammenspiel von Farben, Gerüchen und Geräuschen ungefiltert aufnehmen kann. Wenn es mir nicht gut geht, reicht ein Spaziergang in der Natur, damit ich mich besser fühle. Wenn ich dabei schneeverschneite Berge sehe oder bunt blühende Wiesen, vielleicht auch nur ein Blümchen, das sich durch eine Laubschicht gekämpft hat und seine Farbe entfaltet, wenn ich Vogelgezwitscher höre – all solche vermeintlichen Kleinigkeiten öffnen mir das Herz.

Das ist wahrscheinlich auch ein Grund, warum ich mich auf der Alm so wohlfühle: Ich lebe dort sehr nah in und mit der Natur. Selbst beim schlechtesten Wetter muss man hinaus ins Freie, um sich die Zähne zu putzen oder auf die Toilette zu gehen. Aber das macht mir – und auch den Kindern – nichts aus, im Gegenteil. Ich habe das Gefühl, dass ich dadurch wesentlich intensiver und mit allen Sinnen lebe. Ich rieche, höre, fühle und schmecke bewusster. Und man braucht nur vor die Tür zu gehen, um Pilze, Beeren, Kräuter und weitere Leckerbissen zu finden.

Ich habe vor meinem ersten Almsommer Unmengen von Büchern gelesen – das *Handbuch Alp* kannte ich fast auswendig – und habe mich viel mit Almbauern, Sennen und Sennerinnen unterhalten. Erst, als ich die Zusage für eine Almstelle hatte, habe ich noch schnell das Melken gelernt, bin davon abgesehen jedoch sozusagen ins kalte Wasser gesprungen. Wenn man bereit ist, zu lernen und vor allem zuzupacken, geht es also auch ohne große Vorkenntnisse. Wer sich das nicht zutraut, kann einen Vorbereitungskurs besuchen. Infos dazu gibt es reichlich im Internet.

Dass ich später doch noch für ein Jahr mehrmals pro Woche die Schulbank drückte, um mich zur Facharbeiterin Landwirtschaft auszubilden, lag schlicht daran, dass mich das Almvirus gepackt hatte und ich mich für die Milchwirtschaft interessierte. Außerdem arbeite ich gern eigenverantwortlich und bitte ungern andere um Hilfe. Also lernte ich alles über die Haltung und den Umgang mit Kühen, Melkhygiene, betriebswirtschaftliche Grundlagen, wie man landwirtschaftliche Maschinen pflegt, wartet oder zum Beispiel die Deichsel eines Anhängers kürzt. Es stand zwar auch einiges auf dem Lehrplan, was auf einer Alm nicht unbedingt von Nutzen ist, aber wer weiß, ob ich es nicht irgendwann noch brauchen kann, wie zum Beispiel Forstwirtschaft sowie die Pflanzung, Pflege und Veredelung von Obstbäumen.

Wie alles begann

VAUDE
LEKI

Schon von klein auf verspürte ich eine Art Sehnsucht nach dem einfachen Leben und einem Leben mit und in der Natur, wobei ich das damals natürlich nicht so hätte benennen können. Während andere Mädchen mit ihren Puppen spielten, spielte ich am liebsten »arme Kinder«: Mit meinem Bruder und meinem Cousin als »Mitdarstellern« auf einem Leiterwagen, zog ich in den Wald, wo wir aus Erde Knödel formten, Brennholz für einen imaginären Ofen sammelten und dergleichen. Die beiden Buben mochten das Spiel überhaupt nicht, aber ich war immer schon recht hartnäckig, um nicht zu sagen penetrant, wenn ich etwas wollte. Schnickschnack oder Luxus war nie meine Sache, und ich brauche beides bis heute nicht. Viel lieber gehe ich mit meinen Kindern zum Zelten als in eine Pension oder gar ein Hotel.

Die Berge waren schon immer meine Welt, und das Leben auf einer Alm beschäftigte mich, seit ich achtzehn war. Damals las ich in einer Zeitschrift einen Artikel über eine alte Sennerin, der etwas in mir anrührte und seither in meinem Tagebuch lag. Während des Studiums jobbte ich dann auf einer Jausenstation im Zillertal als Bedienung. Ein Stück unterhalb dieser kleinen Gaststätte lag eine Milchviehalm, und wann immer sich die Gelegenheit bot, lief ich dorthin und löcherte den Senn mit Fragen. Ein Jahr später, 2005, kehrte ich beim Wandern auf der Scharnitzer Alm ein und unterhielt mich lange mit der Sennerin, die Kräuter und Beeren sammelte und die Milch ihrer Kühe zu Joghurt und Käse verarbeitete. Bei ihr fiel mir das *Handbuch Alp* in die Hände, in dem zwanzig Almleute ihr Handwerk und das Leben auf der Alm beschreiben: realistisch statt verklärend, doch spiegelt jede Seite die Liebe zu diesem Leben. Verträumt blätterte ich durch das Buch und wäre am liebsten gleich direkt auf der Alm geblieben, um auch so ein Leben führen zu können. Spätestens da stand für mich fest, dass ich einmal selbst Sennerin sein wollte – irgendwann einmal, nach dem Studium. Es war kein konkretes Ziel, eher ein loser Gedanke, der sich in meinem Hinterkopf einnistete und ab und an kurz in den Vordergrund drängte. Gleich nach dem Studium wurde ich mit dem ersten Kind, meiner Magdalena, schwanger. Die Alm blieb vorerst ein Traum, der wie eine Wolke am Himmel schwebte und nicht greifbar war.

Ende Mai 2007 änderte sich das schlagartig. Mein Mann Schorschi und ich waren kurz zuvor nach Fischbachau gezogen und wohnten recht einsam im *Zuhaus* eines wunderschönen alten Bauernhofs. Magdalena war mittlerweile ein Jahr alt und ich erneut schwanger – und nicht sehr glücklich. Ich haderte mit mir selbst, fragte mich, wozu ich eigentlich studiert hatte, wollte mein Wissen anwenden, wollte arbeiten, stattdessen saß ich mit einem Baby zu Hause, das viel schlief und sehr brav war, und fühlte mich alles andere als ausgelastet. Mir fiel regelrecht die Decke auf den Kopf. Hin und wieder las ich im *Handbuch Alp,* das mir Schorschi 2005 zu Weihnachten geschenkt hatte, weil ich seit meiner Einkehr auf der Scharnitzer Alm ständig von diesem Buch und vom Almleben schwärmte. Am 28. Mai, ein Datum, das ich nie vergessen werde, kam mich meine Schwester Sophie besuchen, und wir wanderten – ich mit Magdalena in der *Kraxe* und mit Luise im Bauch – zur Gindlalm oberhalb des Schliersees. Sophie, gerade achtzehn Jahre alt geworden, stand ein Jahr vor ihrem Abitur und machte sich genauso viele Gedanken über ihre Zukunft wie ich über meine.

Es war eine wunderschöne Wanderung, während der wir über das Leben philosophierten und intensive Gespräche über unsere Pläne und die Zukunft führten. Zwar trennen Sophie und mich zehn Jahre Altersunterschied, und wir sind in vielem recht verschieden, aber wir sind uns wiederum in manchen Dingen sehr ähnlich und haben immer schon unsere Sorgen und Freuden geteilt. Bis heute ist meine wunderbare Schwester meine beste Freundin, und ich hoffe, das wird immer so bleiben.

Damals, aber beileibe nicht zum ersten Mal, erzählte ich Sophie von meinem Traum, einmal als Sennerin auf einer Alm zu arbeiten. Als wir die herrlich gelegene Gindlalm mit ihren drei urigen Almhütten und dem fantastischen Blick auf die Berge ringsum erreichten, kam uns eine Idee: Warum es nicht gemeinsam angehen? Das wäre doch was! Einen Sommer gemeinsam eine Alm bewirtschaften. Ein lustiges Unterfangen: zwei Mädels aus der Stadt auf der Alm … Und zu zweit, so alberten wir herum, konnten wir uns das Hüten der Kühe und meiner zwei Kinder teilen. Wir waren beide ganz begeistert von dem Gedanken, und der Umstand, dass wir absolut kein Vorwissen hatten, hinderte uns nicht daran, Pläne zu schmieden. Schnell waren wir uns einig: Im nächsten Sommer greifen wir an!

Ich rechne es Sophie bis heute hoch an, dass sie sich damals darauf eingelassen hat, denn es war ja mein Traum, nicht ihrer. Und welche andere Achtzehnjährige hätte sich einverstanden erklärt – und das auch noch mit Begeisterung –, mit ihrer viel älteren Schwester und deren zwei kleinen Kindern wochenlang auf einer Alm »herumzusitzen«? Das findet man in dem Alter nicht unbedingt cool.

Die Frage war nun, wie kommen wir – beziehungsweise ich als sozusagen federführende Sennerin – an eine Alm? Gleich am nächsten Tag informierte ich mich beim Almwirtschaftlichen Verein in Holzkirchen. Ich solle, so hieß es, kurz zusammenschreiben, was ich für Vorstellungen hätte – ob auf der Alm

Jungvieh oder Milchkühe sein sollten oder beides, ob sie mit oder ohne Bewirtung sein sollte und dergleichen – und wie ich zeitlich verfügbar wäre. Also schickte ich eine Art Bewerbung und wartete von da an gespannt und voller Erwartung Tag für Tag auf den Briefträger, der hoffentlich eine positive Antwort bringen würde. Doch nichts geschah. Nach vier Wochen rief ich beim Almwirtschaftlichen Verein an. Noch sei keine passende Anfrage eingegangen, aber es sei ja noch Zeit, vertröstete mich die sehr nette Frau Eberhard. Ich solle einfach warten. Das war für mich als ziemlich ungeduldigen Menschen eine echte Herausforderung. Einen Monat hielt ich durch, dann rief ich erneut an. Und wieder und wieder. Alle vier Wochen.

Der erste Almsommer – wie man Sennerin »lernt«

Frau Eberhard blieb geduldig und freundlich, und meine Hartnäckigkeit zahlte sich letzten Endes aus. Zwar hatte der Almwirtschaftliche Verein keine Alm für uns in Aussicht, doch Frau Eberhard hatte bei einem Almkurs eine Sennerin getroffen, die den nächsten Sommer nicht mehr auf die Alm gehen konnte oder wollte. Sie gab mir deren Telefonnummer und sagte, ich solle die Frau doch einfach mal anrufen. Der Haken an der Sache war, dass die Alm in Tirol lag und dass es dort zwölf Milchkühe gab, die gemolken werden müssten. Da Sophie und ich überhaupt keine Erfahrung mit dem Bewirtschaften einer Alm hatten, mit Melken schon gar nicht, hatten wir uns eigentlich mit einer reinen Jungviehalm an das Ganze herantasten wollen. Die Tiere aus dem Stall und wieder hinein zu treiben konnte so schwierig nicht sein, dachten wir zwei Möchtegern-Sennerinnen. Als ob es damit getan wäre!

Nun also auch Milchvieh. Ich wollte jedoch auf keinen Fall riskieren, dass wir schließlich gar keine Alm bekommen würden. Wenn ich mir etwas in den Kopf gesetzt habe, bin ich bereit, Berge zu versetzen. Ich rief die Sennerin an, und während des Telefonats lösten sich viele meiner Bedenken in Wohlgefallen auf. Auch sie war mit zwei Kindern auf der Alm gewesen und hatte einen Sommer lang sogar schwanger die Almarbeit gemeistert. Sie gab mir die Telefonnummer von den Bauersleuten in Brandenberg in Tirol, und nach Rücksprache mit meiner Schwester rief ich dort an. Ich hatte schreckliche Angst, dass sie mich auslachen würden: Zwei junge Frauen, ohne jegliche

Erfahrung, dafür mit zwei kleinen Kindern wollen eine Alm bewirtschaften, zwölf Kühe melken und obendrein zwölf Jungrinder und zwei Kälbchen versorgen.

Aber ich wurde nicht ausgelacht. Im Gegenteil, die beiden schienen froh zu sein, dass sich ein Interessent meldete, und auf meine ehrliche Aussage, dass ich keine Erfahrung hatte, meinten sie nur: »Wennst mogst, lernst ois« (Wenn man will, kann man alles lernen). Sie luden mich ein, gleich am kommenden Wochenende bei ihnen vorbeizuschauen. Da meine Schwester keine Zeit hatte, begleitete mich mein Mann. Mit unseren beiden Mädchen im Gepäck – im Dezember war Luise auf die Welt gekommen – machten wir uns auf den Weg. Als wir schließlich die abenteuerliche Kurvenstraße nach Brandenberg hinauffuhren, ging mir das Herz auf. Der Ort liegt auf einem wunderschönen Hochplateau, und an den steilen Abhängen ringsum stehen verstreut viele alte Bauernhöfe. Die Wegbeschreibung führte uns immer weiter hinauf, sodass wir schon dachten, wir hätten uns verfahren. Aber dann tauchte doch noch ein Weiler und der gesuchte Bauernhof vor uns auf, ein uraltes uriges Gebäude. Lisbeth und Albert baten uns in die gemütliche Stube, und mein erstes »Vorstellungsgespräch« als Sennerin begann. Die beiden erzählten mir, dass die Krumbachalm, für die sie mich bräuchten, eine sogenannte Hochlegeralm sei und was es damit auf sich habe: Den ersten Teil des Almsommers verbringen die Kühe auf einer Niederlegeralm, die, wie der Name schon anklingen lässt, niedriger liegt, weshalb dort früher Gras wächst. Wenn die Almwiesen auf der Niederlegeralm abgegrast sind, ziehen die Kühe für ungefähr sechs bis acht Wochen hoch zur Hochlegeralm. Wenn sich dort das Gras dem Ende zu neigt, geht es für die Kühe zurück auf die Niederlegeralm, auf der in der Zwischenzeit das Gras nachwachsen konnte. Dort bleiben die Kühe bis in den Herbst und kehren anschließend zurück auf den Hof.

Brandenberg ist eines der wenigen Gebiete, in dem viele Bauern noch ihre eigene Almhütte haben und manchmal eben auch zwei: Niederleger und Hochleger. Der Unterhalt, die Instandhaltung, das Bewirtschaften – egal ob die Bauern es selbst übernehmen, wodurch ihre Arbeitskraft im Tal fehlt, oder ob sie einen Senn oder eine Sennerin dafür bezahlen –, all das kostet Geld, weshalb viele Bauersleute in anderen Gebieten und leider auch zunehmend in Brandenberg eine ihrer Hütten und manchmal sogar beide aufgeben. Vorzugsweise trifft es den Hochleger, aus dem einfachen Grund, dass er weiter vom Hof entfernt ist und dort die Weideflächen kleiner sind. Letzteres bringt es mit sich, dass sich die Tiere weniger weit verstreuen können und die Weiden daher stärker beansprucht werden. Früher konnte sich die Natur über den Winter regenerieren, doch seit die Kühe immer mehr auf Ertrag gezüchtet und dadurch immer schwerer werden, richten sie zum Teil massive Schäden auf den Böden an. Manche Hochlegeralm ist am Ende des Sommers völlig zertrampelt. Wenn klar ist, dass die Weiden auf der Niederlegeralm nicht den ganzen Sommer alle Kühe satt machen, müssen die Milchkühe im Tal bleiben, und nur das Jungvieh darf auf die Alm. Oder es wird zugefüttert. Mit der Auflassung von Almhütten und dem Aufgeben der Almwirtschaft im ursprünglichen Sinn, deren Hauptzweck nicht die Verköstigung von Wanderern war, geht wieder ein Stück Bauernkultur und Tradition verloren. Wie schade.

Die Bauersleute erklärten mir, was sie von mir erwarteten, und meinten lapidar, das Melken solle ich halt vorher noch lernen. Da Schorschi und ich bei Bauern zur Miete wohnten, die etwa vierzig Milchkühe hatten, sollte das kein Problem sein. Schließlich besiegelten wir meinen »Arbeitsvertrag« per Handschlag. Ich bin Albert und Lisbeth bis heute unendlich dankbar und rechne es ihnen hoch an, dass sie das Risiko eingingen, mir, dem unerfahrenen Stadtkind, die Almstelle zu überantworten, und vor allem, mir ihre Kühe anzuvertrauen. Ohne die beiden wäre mein Traum von einem Almsommer damals geplatzt und vielleicht für immer ausgeträumt gewesen.

Wieder in Fischbachau, rief ich überglücklich meine Schwester an. Ich kam mir wie eine Eroberin vor, die erfolgreich von einem Feldzug zurückgekehrt war.

Nun mussten wir also melken lernen. Wie ich vermutet hatte, waren die Bauern, in deren Zuhaus ich wohnte, gern bereit, es mir beizubringen. Im April startete ich meinen »Lehrgang«. Drei, vier Mal in der Woche ging ich in der Früh, sobald ich Luise gestillt hatte, in den Kuhstall, ließ mir die nötigen Handgriffe zeigen und übte am lebenden Objekt. Voller Stolz trug ich dann die frische, noch kuhwarme Milch nach Hause. Ich hatte gute Lehrer und lernte schnell. Ich verstand bald, dass man viel Gespür braucht, dass jede Kuh anders ist, dass man die Euter einer jeder Kuh kennen kann, dass Hygiene eine wichtige Rolle spielt und dass man gute Karten bei den Kühen hat, wenn man ruhig und gelassen mit ihnen umgeht. Praktischerweise stammte Sophies Schulfreundin von einem Bauernhof, der Milchkühe hatte, sodass auch meine Schwester ohne großen Aufwand erste Melkerfahrungen sammeln konnte.

Mitte Mai fuhren Sophie und ich mit den Kindern nach Brandenberg, um uns die Almhütte anzuschauen und uns ein Bild davon zu machen, was wir alles einzupacken hätten. Auf der Alm war die Natur gerade erst aus ihrem Winterschlaf erwacht, alles stand in einem sanften Grün, geschmückt von unzähligen Frühlingsblumen. Über eine schmale, steile Treppe traten wir in die Stube der Hütte mit einem großen Ofen, einem Tisch und einer Eckbank. Von der Stube führte eine Tür in ein kleines Zimmer mit Bett und, wie es bei vielen Almhütten üblich ist, eine weitere direkt in den Kuhstall. Über eine ebenfalls recht steile und schmale Treppe ging es nach oben in das Schlaflager und auf den Heuboden. Die Hütte war einfach, aber gemütlich und recht komfortabel: Wir hatten Strom und einen Boiler, der das Spülbecken vor der Hütte mit warmem Wasser versorgte, was mit zwei kleinen Kindern von unschätzbarem Wert war. Schon fließend Wasser ist ein Luxus, den man nicht auf jeder Almhütte vorfindet, erst recht heißes Wasser. Das »stille Örtchen«, ein Plumpsklo, lag genau neben dem Misthaufen. Von außen war es nicht gerade ein Genuss für Auge und Nase, dafür hatte man, wenn man drinnen saß, einen herrlichen Ausblick. Da die Alm in einem weiten Kessel lag, konnte der Blick zwar nicht unendlich weit schweifen, aber die Natur ringsherum war wunderschön und die Stille Balsam für die Seele.

Almbeginn für Sophie und mich war der 1. Juli, und bis dahin gab es noch einiges zu tun. Sophie musste ihr Abitur schreiben, und ich musste packen, packen, packen. Und zwar genau so, wie es hier steht: drei Mal – beziehungsweise für drei verschiedene Bestimmungsorte. Mein Mann würde ab Juli einen Italienischkurs in Siena machen zur Vorbereitung auf ein Auslandssemester in Bergamo. Da die Kinder und ich ihn nach Bergamo begleiten würden und wir es uns schlicht nicht leisten konnten, über ein halbes Jahr lang Miete für eine nicht genutzte Wohnung zu bezahlen, hatten wir schweren Herzens den Mietvertrag zum 1. Juli gekündigt. Und das bedeutete, dass die Wohnung komplett leer geräumt werden musste. Ich musste also, erstens, für die Alm packen. Da wir natürlich einiges nach Bergamo mitnehmen würden, musste ich, zweitens, für das Auslandssemester packen und schließlich, drittens, alles das, was nicht mit nach Bergamo oder auf die Alm kam, für das Zwischenlager Burghausen, sprich mein Elternhaus. Gott sei Dank war dort genug Platz, dass wir alles unterstellen konnten, was wir in den nächsten Monaten nicht brauchen würden. Aber es war eine Mammutaufgabe, zu entscheiden, was auf welchen Stapel kam.

Meine Unerfahrenheit in Sachen Almleben brachte es mit sich, dass viel zu viel auf dem Stapel für die Alm landete: Gartentisch samt Stühlen, Sonnenschirm, Puppenküche, Puppenwagen, jede Menge weiteres Spielzeug, Laufrad, Kinderradanhänger, Kinderwagen, Kinderbadewanne, alle meine Kräutertöpfe samt Lavendelstöcken, Werkzeugkasten, Wasserkocher, haufenweise Küchenutensilien und vieles mehr. Da Luise gerade mal sieben Monate alt war, kamen neben der Wickelunterlage Unmengen von Windeln, Feuchttüchern und haufenweise Gläschen mit Babynahrung sowie Pakete mit Brei zum Anrühren dazu, damit wir nicht alle paar Tage ins Tal fahren mussten, um Nachschub zu besorgen. Als wir vollgepackt bis unters Dach bei Lisbeth und Albert ankamen, um die Schlüssel für die Hütte zu holen, schlugen die beiden die Hände über dem Kopf zusammen und fragten ungläubig, ob wir etwa unseren gesamten Hausstand dabeihätten.

Die Kühe waren schon seit einigen Tagen auf der Alm und daher bereits wieder an den Stall und die Umgebung gewöhnt. Kaum hatten wir alles eingeräumt und uns die Hütte, die für die nächsten acht Wochen unser Zuhause sein würde, ein bisschen wohnlich gestaltet, kamen die Bauersleute, um uns in die Stallarbeit einzuweisen und uns beim Melken zur Hand zu gehen. Sie erklärten uns, welche Kuh wo ihren Platz hat und dass es wichtig sei, diese Einteilung einzuhalten. Schnell fertigte ich für Sophie und mich eine Skizze an, in die ich die Namen und die Ohrmarkennummern der Tiere eintrug. Das machte ich auch in den Folgejahren so, bis meine Kinder anfingen, die Plätze mit DIN-A4-Blättern zu bestücken, auf die sie die Namen der Kühe malten, denn, so sagten sie, die Kühe sollten es wohnlich und hübsch haben.

Als ich am ersten Abend Magdalena in unserem kuscheligen Schlaflager zu Bett brachte, sagte ich zu ihr, sie solle mal ganz leise sein, um zu hören, wie schön die Glocken der Kühe klingen. Sie lauschte aufmerksam, schaute mich ruhig an und sagte: »Dahoam.« Vor Rührung und Erleichterung stiegen mir die Tränen in die Augen. In den vergangenen Wochen hatten wir zwischen Kartons und Kisten im Chaos gelebt, und ich war alles andere als entspannt gewesen, da mir die Packerei über den Kopf zu wachsen drohte und ich fürchtete, nie und nimmer rechtzeitig damit fertig zu werden. Außerdem hatte ich ständig Angst, dass bei dem ganzen Stress die Kinder zu kurz kamen und sich vernachlässigt oder womöglich sogar nicht mehr geliebt fühlen könnten. Das »Dahoam«, also »Daheim« meiner Tochter nahm mir diese Angst, entschädigte mich für all die Arbeit und die Mühen der letzten Wochen und bestärkte mich darin, dass die Entscheidung, einen Sommer als Sennerin zu verbringen, gut und richtig war. In diesem Moment fielen der ganze Ballast und der Stress von mir ab, und wie meine Tochter spürte ich: Wir waren angekommen.

Der Almalltag

Schon um Viertel nach fünf klingelte am nächsten – und an allen folgenden – Morgen der Wecker. Wo aufstehen doch so gar nicht meine Stärke ist! Was habe ich mir da nur angetan, dachte ich, als ich mich aus den warmen Federn quälte, doch schon beim ersten Blick aus dem Fenster hüpfte mir das Herz in der Brust. Voller Tatendrang schlüpfte ich in mein Stallgewand und heizte den Holzofen an. Während aus dem Radio Volksmusik drang, trank ich eine Tasse Tee und aß eine Scheibe Honigbrot. Und fühlte mich herrlich!

Während sich Sophie um Magdalena und Luise kümmerte, machte ich mich daran, die Kühe zu holen beziehungsweise erst einmal aufzustöbern. Diese Aufgabe zählt für mich bis heute zu den schönsten eines Almsommers. In der frischen Morgenluft eines neuen, unverbrauchten Tages auf der Suche nach den Kühen über die Wiesen zu gehen – und je nach Alm auch ein Stück durch den Wald –, die Bergwelt beim Erwachen zu beobachten, den Geruch von Gras, Bergblumen und -kräutern in der Nase und das Bimmeln von Kuhglocken und das Muhen der Tiere in den Ohren, das macht mich unglaublich glücklich und erfüllt mich mit Frieden. Da reichen Kleinigkeiten wie ein Spinnennetz, in dem Tausende Tautröpfchen glitzern, ein schillernd roter Käfer auf einem grünen Blatt oder wie sich die aufgehende Sonne über die Bergspitzen schiebt, dass mir das Herz aufgeht. Mit diesem »Schatz« in mir wandere ich zusammen mit den Kühen zurück zur Hütte und beginne wie frisch mit Energie aufgeladen mit der eigentlichen Arbeit.

Je nach Witterung und Laune der Kühe geht das Heimholen mal recht schnell, kann aber auch eineinhalb Stunden dauern, vor allem, wenn man die Umgebung und die Lieblingsweideplätze der Tiere noch nicht kennt.

Die Tiere dazu zu bringen, *zum* Stall zu gehen, war meist recht einfach, sie dazu zu bewegen, *in* den Stall zu gehen, oft eine ganz andere Sache. An manchen Tagen wollte mal diese, mal jene Kuh partout weiterhin das freie Almleben genießen, und da ich den Umgang mit den Tieren nicht gewohnt war, war es selbst mit der Hilfe von Sophie ein ziemlicher Kampf, das störrische Vieh in den Stall zu bugsieren – und wir manchmal den Tränen nahe. Doch mit jedem Tag, den wir die Tiere besser kennenlernten, ging es uns leichter von der Hand.

Wer sich jetzt wundert, warum wir die Kühe morgens holen gingen: Im gesamten Brandenberger Gebiet ist es üblich, dass die Tiere tagsüber im Stall stehen und nach dem Melken am Abend auf die Weideflächen gelassen werden, dann aber die ganze Nacht draußen bleiben. Auf meine Frage, warum das so sei, hieß es, das sei in Brandenberg immer schon so gewesen. Die Kühe hätten im Stall mehr Ruhe vor Fliegen, Bremsen und anderen Plagegeistern, und je entspannter die Kühe seien, umso mehr Milch würden sie geben.

Wenn endlich alle Kühe im Stall und jedes Tier an seinem Platz angehängt war, bekamen sie ihre Portion Kraftfutter, und wir machten uns ans Melken. Schnell hatten Sophie und ich gelernt, dass es ratsam ist, eine Nachzüglerin nicht mehr in den Stall zu lassen, wenn die anderen bereits ihr Kraftfutter vertilgten. Kühe sind total verrückt nach Kraftfutter und verstehen überhaupt keinen Spaß, wenn sich eine andere Kuh über ihre Ration hermachen will. Auch anderes lernten wir aus Fehlern, zum Beispiel, dass es sinnvoll ist, den Eimer mit dem Waschwasser zum Säubern der Euter in Sicherheit zu bringen, *bevor* man die Melkmaschine anstöpselt, weil diese schlicht alles, was flüssig ist, ansaugt.

Das Melken selbst ging uns überraschend gut von der Hand, obwohl wir nur wenig Erfahrung damit hatten, geschweige denn Routine. Nach dem Melken musste das Melkgeschirr gereinigt werden, und die beiden Kälber bekamen ihre Ration Milch aus einem sogenannten Tränkeeimer, einem Eimer mit einem überdimensionalen Sauger, an dem die Kälbchen wie an einer Zitze *zuzeln* können. So süß die Kälber waren, so anstrengend waren sie. Zum einen musste man ständig darauf achten, alles außer Reichweite zu bringen, was sie womöglich als Zitze identifizieren könnten, und dazu zählten die Finger ebenso wie Handschuhe oder sogar ein Plastikstrick. Zum anderen stinkt Kälberkacke ganz fürchterlich. Dass die Kleinen alle paar Tage auch noch Durchfall hatten und sich der Gestank dann ins Unerträgliche steigerte, machte die Sache nicht besser.

Ein bisschen Milch behielten wir immer für uns, um sie pur zu trinken, einen Kakao zu kochen, sie für einen Cappuccino aufzuschäumen oder um für uns Butter zu machen. Gelegentlich probierten wir uns auch am Käsen. Frischkäse bekamen wir ganz gut hin, doch unser Versuch, Graukäse herzustellen, einen meiner Lieblingskäse, ging ziemlich daneben. Milchschimmel und graue Schimmelstämme verleihen diesem Käse mit zunehmendem Alter die gräuliche Farbe, der er seinen Namen verdankt. Die Herstellung dieser (Süd-)Tiroler Spezialität ist eine Wissenschaft für sich, wie ich feststellen sollte. Es braucht zum Gelingen nicht nur die Hefekulturen, die auf den Käselaib aufgetragen werden, sondern auch welche, die schon in der Luft des Raumes sein müssen, in dem der Käse produziert wird. In einem Raum, in dem noch nie Graukäse gemacht wurde, ist es daher schwierig, ein genießbares Resultat zu erzielen. Erst in einem späteren Almsommer, als das Arbeiten auf der Alm zur Routine geworden war und alles leichter und schneller von der Hand ging, wagte ich mich so richtig ans Käsen – und entdeckte eine weitere Leidenschaft.

Jetzt jedoch brachten wir die Milchausbeute bis auf das bisschen Eigenbedarf jeden zweiten Tag zur Sammelstelle an der Nachbaralm, wo sie gegen halb acht Uhr vom Milchlaster der Molkerei abgeholt wurde. An diesen Tagen durften wir nicht trödeln, denn die Milch musste bis dahin nicht nur gemolken, sondern auch auf sechs Grad abgekühlt sein. Und der Transport selbst war eine ziemliche Plackerei, auch wenn wir die ungefähr sechshundert Meter zur Abholstelle mit dem Traktor zurücklegten, denn der Milchtank war groß, unhandlich und vor allem schwer.

Wie wir bald herausfanden, setzte sich der Senner der Nachbaralm, Altbauer Alfons – kurz Fonsi –, ein großer, dürrer Mann mit einer markanten Nase und einem charakteristischen Lachen, nach seiner morgendlichen Stallarbeit in seine gemütliche Stube und genoss seine *Jause:* Schwarzbrot, Speck und Schwarztee mit viel Rum. Das ergab eine Geruchsmischung, die sich über die Jahre in jeder Ritze der Hütte festgesetzt hatte und die ich nie vergessen werde. Je nachdem wie pünktlich wir waren beziehungsweise das Milchauto, schenkte uns Fonsi erst einmal einen Schnaps ein – auf die Gesundheit. Und das in aller Herrgottsfrüh auf nüchternen Magen. Ja, ja, das Almleben ist hart. Manchmal mussten wir eine halbe Stunde warten, dann wurden es gar zwei Schnäpse. Derweil knurrte unser leerer Magen kräftig, und beim Anblick von Fonsis Brotzeit lief uns das Wasser im Mund zusammen. An anderen Tagen düsten wir im vierten Gang zu Fonsis Hütte, weil das Milchauto bereits angerollt kam. Der Milchwagenfahrer ist so etwas wie eine Lokalzeitung. Von ihm erfährt man die brandneuen Nachrichten aus dem Dorf, falls man den Dialekt versteht – was uns von Jahr zu Jahr leichter fiel.

Bis alle morgendlichen Arbeiten erledigt waren, war es ungefähr zehn Uhr. Dann gab es endlich, endlich Kaffee und ein richtiges Frühstück. Was für ein Hochgenuss, wenn uns nach vier Stunden schwerer Arbeit der würzige Duft von frisch gebrühtem Kaffee in die Nase stieg und wir den ersten, wohlverdienten Schluck nehmen konnten. Das war einer der schönsten Momente des Tages, egal, ob wir dabei draußen in der Sonne saßen oder uns bei Regenwetter endlich in der Stube aufwärmen konnten. Nach dem Frühstück machten Sophie und ich uns an die üblichen Haushaltsarbeiten: abspülen, Wäsche waschen, Ofen einschüren, kochen. Natürlich gibt es auf einer typischen Viehalm keine Waschmaschine, sodass wir die Wäsche von Hand waschen mussten. Weil wir aber zu zweit waren und uns oft genug einen Spaß daraus machten, ging es uns, ebenso wie das normalerweise öde Geschirrspülen, leicht von der Hand. Wäsche oder Geschirr wurde in eine große Schüssel gepackt und draußen am Spülbecken gewaschen. Bei jedem Wetter. Da wir beide leidenschaftlich gern kochen – und gern essen –, war uns keine Mühe zu groß, um warme Gerichte aufzutischen: Dampfnudeln, Nudeln in allen möglichen

Varianten oder typisches Almessen wie Kaspressknödel. An das Kochen auf einem Holzofen mussten wir uns allerdings erst gewöhnen. Es braucht mehr Zeit, dafür schmeckt das Essen dann umso besser. Ein bisschen heikel war das Brotbacken, da es dafür große Hitze braucht.

Kaspressknödel

Ein typisches Almessen. Käse, Milch, Butter und Eier gibt es fast auf jeder Alm, Kartoffeln kann man gut auf Vorrat halten, und wenn man keine Kräuter auf der Alm hat, geht es zur Not auch ohne.

Zutaten für ca. 5 Personen

1–2 gekochte Kartoffeln, je nach Größe
250 g Graukäse, in kleine Würfel geschnitten oder mit den Fingern zerbröselt
3 Eier
¼ l lauwarme Milch
250 g Knödelbrot (oder 5 altbackene, in dünne Scheiben oder kleine Würfel geschnittene Semmeln)
Salz
Pfeffer
Maggikraut und Schnittlauch
Butter zum Ausbacken

Die Kartoffeln durch die Kartoffelpresse drücken und mit dem Käse, den Eiern, der Milch und dem Knödelbrot mischen, mit Salz, Pfeffer und den Kräutern würzen und etwa zehn Minuten ziehen lassen. Gründlich durchkneten, kleine Knödel formen und diese etwas flach drücken. In heißer Butter von beiden Seiten goldbraun ausbacken.

Dazu gibt es meistens Krautsalat.

Krautsalat

Zutaten für ca. 5 Personen

1 kleiner Weißkrautkopf
100 g Speckwürfel
1 Knoblauchzehe
3–4 EL Essig
3–4 EL Öl
Salz
Pfeffer
1 TL Kümmel, gern etwas mehr

Den Krautkopf ganz fein schneiden oder hobeln. In eine Schüssel geben, mit kochendem Wasser überbrühen, kurz ziehen lassen und abseihen. Das Kraut gut ausdrücken.

Speckwürfel in einer Pfanne knusprig braten, den fein geschnittenen Knoblauch dazugeben und kurz ziehen lassen. Speckwürfel und Knoblauch mitsamt dem ausgetretenen Fett über das Kraut geben, etwas abkühlen lassen. Essig und Öl, Salz und Pfeffer sowie den Kümmel dazugeben und alles fest mit den Händen durchkneten. Ziehen lassen.

Zeit, sich auf die faule Haut zu legen, war auch nach dem Mittagessen nicht, denn dann kam das »Mittagsmisteln« – das Ausmisten des Stalls zwischendurch. Dadurch gehen am Abend das Ausmisten und vor allem das Melken zügig voran, weil die Kühe natürlich wesentlich sauberer bleiben, wenn weniger Kuhfladen herumliegen, in die sie sich hineinlegen könnten, und wir daher weniger Zeit auf das Säubern der Euter verwenden mussten.

Erst danach kam die »heilige Mittagsruhe«. Sophie und ich waren vom frühen Aufstehen und der ungewohnten körperlichen Arbeit immer hundemüde und hatten nur noch den Wunsch, uns hinzulegen. Wenn Luise partout nicht einschlafen wollte, weil sie ihren Mittagsschlaf schon vor dem Essen gehalten hatte, packte eine von uns sie in den Kinderwagen, und ab ging es im Eiltempo über die Wiese. Luise liebte das Geholper und schlief danach hin und wieder doch noch ein, und wenn nicht, mussten Sophie und ich uns mit einem Etappenmittagsschlaf zufriedengeben: erst die eine eine halbe Stunde, dann die andere. Wenn Luise es zuließ, legten wir vier uns in das schönste Bett, das es auf der Alm gibt: ein duftender Heuhaufen auf dem Zwischenboden des Kuhstalls. Während unter uns die Kühe leise schnauften und ab und zu eine Kuhglocke sacht bimmelte, verfielen wir innerhalb weniger Sekunden in einen beinahe komatösen Schlaf.

Nach unserer Mittagsruhe erledigten Sophie und ich schnell den Abwasch des Mittagsgeschirrs, bevor auch die Kinder »auf, auf« waren, wie Magdalena statt »aufgewacht« sagte. Nun hatten wir etwa eine Stunde Zeit, um zu tun, was uns behagte: auf einen Plausch bei unserem Nachbar vorbeischauen, mit den Kindern spielen oder eine kleine Wanderung unternehmen. Auch in den folgenden Almsommern bin ich mit meinen Kindern oft losmarschiert, sie wandern gut und gern. Nach einer Tasse Nachmittagskaffee – mit den ach so leckeren Waffelschnitten in der rosa Verpackung – rief gegen vier Uhr schon wieder die Stallarbeit: melken, Kühe abhängen und auf die Weide lassen, ausmisten. Wenn möglich, erledigten Sophie und ich es zusammen, manchmal aber waren die Kinder um diese Zeit quengelig, und Sophie musste allein ran. Meine Schwester hatte mit dieser Regelung das anstrengendere Los gezogen, denn während das »Mittagsmisteln« schnell erledigt war, war das zweite Ausmisten des Tages gründlicher und daher aufwendiger. Bei aller gebotenen Sorgfalt beeilten wir uns mit der Arbeit, damit die Kühe möglichst früh ins Freie und so noch in den Genuss von ein bisschen Tageslicht und Sonne kamen. Wir stellten es uns schrecklich für die Tiere vor, wenn sie nach einem Tag im dunklen Stall erst hinausdürfen, wenn es draußen ebenfalls dunkel ist. »Die werden uns sonst depressiv«, spornten wir uns gegenseitig an, wenn unsere Kräfte zu erlahmen drohten. Wenn die Kühe aus welchem Grund auch immer eher störrisch waren und sich das Melken hinzog, sorgte ich, nachdem die Tiere auf der Weide waren, erst einmal dafür, dass die Kinder gebadet wurden und etwas zu essen bekamen, und brachte sie zu Bett, bevor ich Sophie half, das Melkgeschirr zu reinigen.

Bis endlich alles getan war, war es oft schon zwanzig Uhr. Dann setzten Sophie und ich uns nach einer ausgiebigen Brotzeit mit einem Schlummertrunk – meist einer Tasse Kakao – je nach Wetter entweder draußen auf die Bank oder drinnen an den warmen Ofen, ließen den Tag Revue passieren, philosophierten über das Leben oder schrieben zusammen unser Almtagebuch. Die Abende waren gemütlich, aber nicht sonderlich lang, denn recht bald sehnten wir uns danach, in unser Schlaflager zu kriechen und den müden Knochen Erholung zu gönnen. Die Almarbeit erwies sich alles in allem als anstrengender als gedacht. In den ersten Tagen taten uns denn auch die Hände weh, und wir hatten einen ordentlichen Muskelkater, dem wir mit Murmeltiersalbe zu Leibe rückten. So erschöpft und todmüde ich nach einem Almtag auch immer bin, so sehr liebe ich diesen Zustand: Nach einem Tag körperlicher Arbeit endlich im Bett zu liegen, die Kuhglocken zu hören, das Rauschen der Bäume oder das Prasseln von Regen auf dem Dach, der Duft von Heu zieht in die Nase, meine Kinder schnaufen selig neben mir … und schon segle ich glücklich und zufrieden in das Reich der Träume.

Das Bimmeln von Kuhglocken wird auf den folgenden Seiten noch häufig auftauchen, weil es ein wesentlicher Teil des Almsommers ist und für mich der allerschönste und der beruhigendste Klang überhaupt. Man mag mich für *gspinnert* halten, aber im Winter vermisse ich dieses Glockengeläut so sehr, dass ich sogar einmal ein paar Minuten mit dem Handy aufgenommen habe, damit ich es mir zu Hause jederzeit anhören kann, wenn mich der Winterblues heimsucht.

Sophie und ich fanden uns schneller ins Almleben ein als gedacht und hatten bald einen Rhythmus gefunden, der uns beiden behagte. Wir haben uns ja immer schon prächtig verstanden und fanden nun heraus, dass wir auch bei der Arbeit wunderbar harmonierten. Irgendwann stellten wir fest, dass wir dort oben wie in einer Blase oder in einem eigenen kleinen Kosmos lebten. Wir hatten zwar ein Radio, und ab und zu brachte uns jemand eine Zeitung mit, doch die meiste Zeit bekamen wir nichts mit von den Katastrophen und Nöten dieser Welt, sodass sie uns nicht aufs Gemüt schlagen konnten. Bei uns drehte sich alles nur um uns vier Menschen, unsere Kühe und das Wetter. Wir lebten im besten Sinne »sorglos« und waren unglaublich zufrieden, ja glücklich.

Almwellness

Ein ganzer Sommer ohne Badezimmer – wie geht denn das? Es geht, und schön ist es obendrein. Um die Kinder zu baden, nutzte ich bei schönem Wetter die große Spülwanne im Freien, in der wir normalerweise das Melkgeschirr wuschen. Magdalena und Luise genossen es sichtlich, im warmen Wasser zu planschen, während die Sonne noch schön wärmte, aber nicht mehr brannte und die Kühe um die Hütte grasten. Wenn es draußen zu kalt war, stellten wir die Wanne in die Stube: mit Blick in den Kuhstall, in dem Sophie oft noch werkelte. Die Kinder fanden das lustig, und auch die Kühe schienen das Schauspiel zu genießen, das sich ihnen bot, denn sie drehten ihre Köpfe immer höchst interessiert Richtung Stube.

Um Wasser zu sparen, badete ich die Kinder häufig auch in einem Eimer. Erst als Sophie und ich daheim die Fotos anschauten, fiel uns auf, dass auf dem improvisierten Badezuber »Calgonit« stand und eine lange Litanei an Gefahrenhinweisen. Die Firma Calgonit stellt nämlich außer dem aus der Werbung bekannten Wasserenthärter (»Waschmaschinen leben länger mit Calgooooon …«) auch Reinigungsmittel für Rohrmelkanlagen, Melkgeschirr und so weiter her. Wir beruhigten uns damit, dass der Eimer nach dem häufigen Gebrauch mittlerweile sicherlich gut von allen Chemikalien befreit war. Er wurde sogar Kult: In den folgenden Almsommern entstanden immer neue Bilder von meinen Kindern in der »Eimerwanne«. So lange, bis schließlich auch Karolina, die Jüngste, dem Behälter entwachsen war.

Der Eimer tat außerdem seinen Dienst als Dusche für uns Erwachsene. Man glaubt es kaum, welch Duschvergnügen man mit nur zehn Liter Wasser haben kann: nackig unter freiem Himmel in der Berglandschaft stehen, sich langsam einen Strahl warmes Wasser über den Kopf gießen, einseifen, nachspülen, gut riechen – herrlich! Unser Nachbar Fonsi war entzückt von seinen jungen Nachbarsennerinnen und fand vor allem unser Naturbadezimmer ganz »reizend«. Da wir ihn als sehr hilfsbereiten und gastfreundlichen Nachbarn kennengelernt hatten, gönnten wir ihm das Vergnügen, uns »heimlich« beim Duschen zu beobachten. Allzu viel konnte er auf die Entfernung ohnehin nicht sehen. Erst Jahre später erfuhren wir, dass er nicht der einzige Zuschauer im Freiluftkino war, dass hin und wieder ein Jäger gesichtet wurde, der bei Anbruch der Dämmerung mit seinem Fernglas im Anschlag hinter einem Busch lauerte.

Das Badevergnügen ließ sich aber noch steigern. In der letzten Woche des zweiten Almsommers kam unsere Großcousine Karolina zu Besuch. Sie fügte sich harmonisch in unser Gefüge ein, und wir arbeiteten bestens zusammen. Das war Frauenpower *hoch* drei, nicht nur *mal* drei. Und wenn drei Frauen zusammen sind, kommen oft verrückte – oder vielmehr geniale – Ideen auf. So auch unser Einfall für einen grandiosen Abschluss des Almsommers: ein Bad unterm Sternenhimmel. Mit vereinten Kräften schleppten wir die alte Badewanne, die hinter der Hütte stand und als Wassertrog für die Tiere fungierte, nach vorn und schrubbten das unansehnliche Ding, bis es in leuchtendem Weiß erstrahlte. Abends, als die Stallarbeit erledigt war und die Kinder schliefen, befüllten wir die Badewanne dank unseres Boilers und den Schläuchen der Melkmaschine mit heißem Wasser, gaben einen Schuss Rosenöl dazu, um dem Ganzen einen luxuriösen Touch zu verleihen, und stellten ringsherum Kerzen auf. Dann stiegen wir in die Wanne, hübsch nacheinander, jede für fünfzehn Minuten.

Das war Almwellness vom Feinsten! Es herrschte absolute Stille, nur das sachte Rauschen der Bäume war zu hören, hervorgerufen von einer leichten Brise, die uns fast zärtlich über das Gesicht strich, dazu die würzige Bergluft gemischt mit einem Hauch von Rosen in der Nase. Am Himmel funkelten die

Sterne, in der Ferne bimmelten die Kuhglocken ein friedliches, melodisches Konzert. Das warme Wasser, das den Körper sanft umspülte, entspannte jeden Muskel und hüllte uns Nixen in ein Gefühl der Geborgenheit. Ich fühlte mich zufrieden, glücklich und frei und als könnte ich die Welt umarmen. Es war unbeschreiblich. So etwas Wunderbares habe ich selten erlebt!

Erst etliche Almsommer später kam ich wieder in einen ähnlichen Genuss. Damals transportierte ich mit der Hilfe meines Vaters die ausgediente Badewanne meiner Großeltern, ein uraltes gusseisernes Modell mit Füßen, auf die Alm, auf der ich damals arbeitete. Nun konnten wir öfter baden, ohne den Kühen ihre Tränke streitig zu machen. Nur wie an warmes Badewasser kommen? Es gab keinen Boiler, also kein fließendes Warmwasser, und zunächst töpfeweise Wasser auf dem Herd zu erhitzen und zur Wanne zu tragen war mir zu umständlich und mühsam. Also füllte ich die Wanne mit kaltem Wasser und machte mittig darunter ein Lagerfeuer. Das war eine etwas brenzlige Angelegenheit und das Baden daher nicht so entspannt und entspannend wie auf der Krumbachalm: War das Feuer zu stark, wurde der Wannenboden so heiß, dass es einem fast den Hintern versengte; war es zu schwach, kühlte das Wasser zu schnell ab. Meine Kinder, die sich die Wanne teilen mussten, und ich, die ich sie für mich allein beanspruchte, genossen den seltenen Badespaß trotzdem.

Ein ganz spezielles Bad bekam im Sommer 2012 mein Sohn Seppi. Da kam eines Tages einer unserer Almnachbarn zu spät zum Milchsammelplatz und blieb daher auf seiner gesamten Milch sitzen. Da ich Zentrifuge und Butterfass mit auf die Alm gebracht hatte, bot ich ihm an, einen Teil seiner Milch zu Graukäse und Butter zu verarbeiten. Zögerlich nahm er an. Nachdem die Milch zentrifugiert war und der Rahm zu Butter wurde, machte ich mich am Küchenherd daran, die gestockte Magermilch zu Graukäse zu verarbeiten. Im Jahr davor hatte ich auf einer anderen Alm einen ultramodernen Reinraum zur Käseherstellung gehabt, doch da waren die Versuche mit Graukäse misslungen, der Reinraum war wohl *zu* rein für diese spezielle Art Käse gewesen. Aber jetzt, mit den einfachsten Mitteln, hatte ich Erfolg. Der ausgeflockte Topfen bekam eine gute Konsistenz und hatte offensichtlich die richtige Beschaffenheit, denn er reifte zu wirklich gutem Graukäse. Die angefallene Molke sammelte ich in einer Wanne. Ich hatte nämlich gelesen, dass ein Molkebad rückfettend wirkt, und da Seppi damals eine extrem trockene Haut hatte, machte ich ihm den Vorschlag, in der Molke zu baden. Erst wehrte der junge Mann skeptisch ab, aber dann ließ er sich doch überreden und saß schließlich vergnügt in der milchigen Suppe und genoss seine Schönheitskur.

Wehrhaftes Getier und Gewächs

Wo Kühe sind, sind auch Fliegen. Und da der Kuhstall direkt an die Stube grenzte und die Tür dazwischen die meiste Zeit – eigentlich immer – offen stand, fanden die lästigen Insekten scharenweise ihren Weg zu uns. Einer alten Bauernweisheit zufolge sollen klein geschnittene Fliegenpilze, die man in ein Schälchen mit Milch legt, ein probates Gegenmittel sein. Also machten wir uns eines Tages auf die Suche nach dieser vermeintlichen Wunderwaffe. Das gestaltete sich nicht allzu schwer, bald hatten wir zwei wunderschöne Exemplare gefunden. Zurück in der Hütte, schnitten wir die Pilze klein, verteilten sie auf mehrere Schälchen mit Milch und stellten diese an kindersicheren Plätzen auf. Und dann warteten wir gespannt darauf, was passieren würde. Würden die Fliegen nach ein paar Schlückchen vom Giftcocktail kopfüber in das Gebräu stürzen und darin ertrinken? Oder torkelnd umherfliegen, bis ihre Kräfte sie verließen und sie abstürzten? Nichts dergleichen geschah! Im Gegenteil, die Mistviecher ignorierten unsere Fallen! Am nächsten Tag schütteten wir das angebliche Wundermittel auf den Misthaufen und griffen zu den altbewährten, nur leider furchtbar klebrigen Fliegenfängern.

Bei Weitem nicht so lästig, aber als nicht minder resistent gegen unsere Angriffe erwiesen sich die Disteln, genauer die Alpen-Kratzdisteln, die auf den nährstoffreichen Böden in Mulden oder rund um Almhütten gar prächtig gedeihen. Die Kühe halten sie nicht in Schach, denn sie meiden das stachelige Gewächs, und da es andere Pflanzen verdrängt, versuchen die Bauern, das Weideunkraut nach Möglichkeit loszuwerden. Als wir an einem Nachmittag gerade nichts anderes zu tun hatten, wollten Sophie und ich der Bitte des Bauern, »Disteln zu rupfen«, nachkommen. Doch so leicht wie es das Wort »rupfen« uns hatte vermuten lassen, war das Unterfangen nicht, denn die Pflanzen erwiesen sich als äußerst widerspenstig. Ihre Stacheln bohrten sich sogar durch unsere dicken Arbeitshandschuhe, und manche Wurzel wehrte sich vehement gegen das Ausreißen, und gab sie irgendwann doch nach, landeten wir nicht selten unsanft auf dem Allerwertesten. Und als wäre dem nicht genug, erhielten unsere Widersacher auch noch Schützenhilfe von einem Schwarm Bremsen, die uns unablässig attackierten. Auch Luise fand das alles gar nicht lustig und weinte und schrie pausenlos, sodass Sophie und ich nach einer Stunde genervt die Waffen streckten.

Prügel von den Bauersleuten

An Jakobi, dem 25. Juli, ist die Hälfte der Almzeit vorüber, und wenn alle Tiere gesund und die Bauersleute mit den »Almerern«, den Sennerinnen und Sennen, zufrieden sind, überreichen sie ihnen als Zeichen dafür eine »Prügelturschte«: eine traditionelle Brandenberger Prügeltorte. Ihren Namen verdankt diese Köstlichkeit der Tatsache, dass sie nicht in einer Kuchenform, sondern auf einem Prügel, sprich einer Holzwalze, gebacken wird. Diese Holzwalze steckt auf einem Spieß, der mithilfe einer Kurbel langsam und gleichmäßig über offenem Feuer gedreht wird, während immer wieder eine dünne Schicht Teig aufgetragen wird. Erst wenn diese eine goldbraune Farbe angenommen hat, kommt die nächste Schicht darauf, weshalb sich das Backen dieser Spezialität etwa zwei Stunden hinzieht – zwei Stunden kurbeln und streichen, kurbeln und streichen ... Das Ganze ist also eine Art Baumkuchen. Charakteristisch für die Prügeltorte sind die vielen Zacken, die dadurch entstehen, dass die letzte Schicht aufgetropft wird.

Als unsere Bäuerin Lisbeth am 25. Juli mit einer riesigen, etwa sechzig, vielleicht auch siebzig Zentimeter langen goldbraunen »Prügelturschte« auf die Alm kam, freuten Sophie und ich uns riesig und fühlten uns geehrt, bedeutete es doch, dass wir unsere Arbeit gut gemacht hatten und die Bauersleute mit uns zufrieden waren. Es mischte sich allerdings eine gehörige Portion Schwermut in die Freude, denn auch für uns war nun Halbzeit. Bald würden die Kühe wieder auf die Niederlegeralm kommen, und dann hieß es für uns, Abschied zu nehmen. Mir wurde schon bei dem Gedanken daran das Herz schwer, denn seit Langem hatte ich mich nicht mehr so frei und unbeschwert, so ganz bei mir selbst gefühlt. Die Verbundenheit mit der Natur und die körperliche Arbeit hatten mir unheimlich gutgetan, und dass Sophie und ich als blutjunge Anfängerinnen die Aufgabe gemeistert hatten, erfüllte mich mit großem Stolz.

Ach Gott,
wie weh tut Scheiden!

Ach Gott, wie weh tut Scheiden! Hat mir mein Herz verwundt.« Besser als diese beiden Zeilen eines alten Volkslieds könnte ich es nicht ausdrücken.

Das Ende des Almsommers mag ich bis heute nicht. Vor allem, wenn die Kühe mit dem Hänger geholt werden, denn beim Verladen herrscht in aller Regel eine ungeheure Hektik, es gibt viel Geschrei, und bei dem einen oder anderen Bauer setzt es auch mal heftige Schläge. Schlagartig ist es an diesem Tag vorbei mit dem Almfrieden und der Harmonie, die wir, die Kühe und ich, wochenlang genossen haben. Ich finde diese Prozedur grausam, und die Tiere tun mit leid. Ich würde »meinen« Kühen – und auch mir – viel lieber einen runden und schönen Abschluss gönnen, indem ich mit ihnen zu Fuß vom Hochleger zum Niederleger gehe. Oder vom Niederleger ins Tal, so, wie es Christoph macht, ein befreundeter Bauer und selbst Senn. Oft höre ich, wenn die Strecke zu weit ist, sodass die Tiere zehn oder elf Stunden unterwegs wären, wären sie am Abend total erschöpft und würden keine Milch mehr geben. Ich frage mich dann immer: Wie wurde das früher gemacht? Als es noch keine Autos und keine Hänger gab? Da mussten die Kühe doch auch laufen! Aber da war vieles anders, zum Beispiel waren die Kühe leichtfüßiger, weil nicht so hochgezüchtet, und ihre Euter waren nicht so gewaltig, weil auf maximale Milchleistung getrimmt.

Mit jeder Fuhre, mit der ein paar Kühe abtransportiert werden, wird es stiller auf der Alm. Und irgendwann sind dann alle Viecher weg. Keine Kuhglocke mehr, kein lautes Schnaufen mehr, kein Muhen mehr … Dann macht sich Melancholie breit, denn eine Alm ohne Vieh ist für mich keine Alm mehr, und ich versuche so schnell wie möglich meine Sachen zu packen und die Alm zu verlassen.

Daheim bin ich plötzlich wieder in die alltägliche Welt hineingeworfen. Ich selbst bin aber noch im betulichen Almmodus und daher schlicht überfordert. In der Wohnung türmen sich Berge schmutziger Wäsche, überall stehen volle Taschen, die noch ausgepackt werden müssen. Die Reize des Tals überfluten mich, die vielen Farben und Lichter, der Lärm. Überall dudelt Musik. Die Hektik im Straßenverkehr und die vielen Menschen um mich herum zerren an meinen Nerven, das Telefon klingelt, der Postbote läutet … Nie hat man Ruhe. Beim Einkaufen im Supermarkt überwältigt mich die riesige Auswahl an Produkten, und das nicht im positiven Sinn. Mindestens zehn verschiedene Tomatenmark! Und da sind die mit Kräutern oder sonstigem Extra noch gar nicht mitgezählt. Toilettenpapier zweilagig, dreilagig, vierlagig, mit Herzchen, Blümchen oder Sprüchen bedruckt, mit Frühlingsduft, mit Lotus- oder Kamillenduft. Wer zum Teufel, denke ich mir in solchen Momenten, braucht das? Wie ein *Depperl* stehe ich dann zwischen den Regalen und weiß nicht mehr, was ich eigentlich wollte. Die erste Zeit zu Hause bin ich total *dramhapert,* wie man in Bayern sagt, als wäre ich gerade erst aus einer Narkose erwacht: benebelt, unkonzentriert. Wehmut und Traurigkeit machen sich dann breit, und mit Sehnsucht denke ich an die Eimerdusche, an die heiße Tasse Kakao kurz vorm Schlafengehen, den Geruch von frischer Bergluft, von Latschen, Kuhfladen und frisch gebackenem Almbrot, an das wohlige Gefühl, sich an einem kühlen Morgen an einen warmen Kuhleib anzulehnen. Nach Wochen, in denen sich fast alles im Freien abspielte: Kühe holen, Zähne putzen, duschen, den Abwasch machen, die Kinder baden …, fühle ich mich zu Hause wie eingesperrt.

Nach zwei, drei Tagen ist es überstanden, dann kann ich mich an den Vorzügen erfreuen, die der Sommer im Tal bietet: zum Baden gehen oder in die Eisdiele, Freunde im Biergarten treffen … So sehr ich das nun genieße, so wenig fehlt es mir, solange ich auf der Alm bin. Auch sonst vermisse ich auf der Alm nichts. Wenn mein Mann in der Zeit zum Beispiel auf Konzerte geht, wäre ich manchmal zwar gern dabei, bin aber nicht traurig, dass ich es versäume. Und nach ein paar Wochen daheim freue ich mich dann schon wieder ungemein auf den nächsten Almsommer.

Alm für Alm
zur routinierten Sennerin

6527

6527

Auch Sophie hatte das Almvirus erwischt, denn im folgenden Sommer war sie wieder mit von der Partie. Die Bauersleute hatten uns schon im Jahr davor, als sie uns die Prügeltorte überreichten, gefragt, ob wir wiederkommen wollten. Nach altem Brauch wurde die Sache jedoch erst am 2. Februar offiziell besiegelt, an Mariä Lichtmess. Dieser Tag markierte früher das Ende des alten und den Beginn des neuen Bauernjahres; dann erhielten die Dienstboten ihren Jahreslohn und mussten sich entscheiden, ob sie bleiben oder zu einem neuen Herrn wechseln wollten.

Wir ließen dieses Mal zwar all das zu Hause, was sich im Jahr davor als überflüssig erwiesen hatte, und das war eine ganze Menge, dafür waren fünf Hühner und ein Hahn mit im Gepäck sowie ein Luxushühnerstall, den mein Mann zu meinem dreißigsten Geburtstag für mich gebaut hatte. Schorschi hatte vor seinem Studium der Wirtschaftsinformatik Schreiner gelernt, und so war der Hühnerstall das Werk eines Profis. Auch die Bauersleute hatten sich ins Zeug gelegt: In der Hütte standen eine neue Eckbank sowie ein Elektroofen, der uns das Kochen erleichtern sollte. Und es gab noch eine Neuigkeit. Ich war wieder schwanger, im dritten Monat. Mir ging es bestens, und ich freute mich auf die Almzeit.

»Ups, sind die Viecher groß«, war mein erster Gedanke, als ich in den Stall trat, denn so riesig hatte ich sie nicht in Erinnerung. Ich freute mich, »meine« Kühe wiederzusehen, und denke, ihnen ging es genauso, denn sie waren vom ersten Tag an lieb und brav. Es ist ein unschätzbarer Vorteil und erleichtert die Eingewöhnung ungemein, wenn man auf dieselbe Alm wie im Vorjahr kommt, weil man die Tiere kennt und so zum Beispiel weiß, welche Kuh langsam zu melken ist oder welche man gut ausmelken muss, damit keine Euterentzündung entsteht. Mit der Arbeit an sich war es wie mit dem Fahrradfahren oder dem Schwimmen: Hat man es mal gelernt, kann man es selbst nach Jahren noch. Und da wir kein Krabbelkind mehr dabeihatten – Magdalena war nun drei und Luise eineinhalb Jahre alt –, konnten Sophie und ich weit öfter als im Vorjahr zu zweit in den Stall gehen, was nicht nur die Arbeit vereinfachte, sondern auch unterhaltsamer war. Die Kinder spielten derweil miteinander oder »halfen« im Stall mit, was ein Riesenspaß für sie war.

Luise trug in den ersten Tagen noch eine Windel, hatte aber im Vorfeld schon stets behauptet, dass sie auf der Alm keine mehr brauchen würde. Und so kam es tatsächlich. Kaum hatten wir uns eingelebt, wollte Luise »richtig Klo gehen«. Auf der Alm hieß das aber: aufs Plumpsklo gehen – eine Vorstellung, die mir nicht so recht behagte. Ein solches Klo ist wegen des »Einblicks« in die Verdauung aller Benutzer, das es gewährt, wegen des Gestanks und der Fliegen, die von dem Odeur wie magisch angezogen werden, nicht nur gewöhnungsbedürftig, sondern für ein derart kleines Kind wie Luise obendrein nicht ungefährlich, denn wenn sie durch das Loch fiele, würde sie im wahrsten Sinn des Wortes in der Schei… landen. Luise störte sich an alledem nicht, an der Gefahr am allerwenigsten, weil sie die in ihrem Alter gar nicht erkannte. Ich stellte ihr einen Hocker hin, mit dessen Hilfe sie das Holzpodest erklimmen konnte, und blieb, für Luise unsichtbar, in Habachtstellung. Nachdem ich ein paar Mal beobachtet hatte, dass sie sehr vorsichtig auf den Holzkasten hinaufkletterte und sich oben schön festhielt, während sie ihr Geschäft verrichtete und die Aussicht genoss, schwanden meine Bedenken. Ich hängte zur Motivation sogar eine Kette mit Knallbonbons auf, von der sich Luise nach jeder erfolgreichen Sitzung eines nehmen durfte. Sehr schnell hatte sie das mit dem Toilettengang heraus und brauchte tatsächlich keine Windel mehr. Das machte das Almleben wieder ein Stück weit einfacher.

Nach drei schönen Wochen zeigte sich die Natur von ihrer rauen Seite. Es war schon den ganzen Tag sehr kalt gewesen, und dann begann es doch tatsächlich zu schneien. Im Juli! Erst fanden wir das lustig. Wir heizten kräftig ein, machten uns köstliche Rohrnudeln und hatten es sehr gemütlich. Als die Stallarbeit rief, hörte der Spaß allerdings auf. Wegen der Kälte sollten die Tiere in der Nacht im Stall bleiben. Da im Stall aber keine Tränkebecken waren, mussten wir die Kühe draußen am Brunnen trinken lassen. Damit sie nicht stiften gingen, denn nachts war ja normalerweise ihre Weidezeit, stellten wir einen behelfsmäßigen Zaun um die Tränke, ließen immer je drei Tiere hinaus, misteten in der Zwischenzeit schnell deren Plätze aus und streuten frisch ein, dann holten wir die drei zurück in den Stall, und die nächsten drei kamen an die Reihe. Klingt einfach, war es aber nicht. Die meisten Kühe hatten bei dem unbehaglichen Wetter nämlich keine Lust, auch nur einen Fuß vor die Tür zu setzen, während sie es normalerweise kaum erwarten können, ins Freie zu kommen, und sich dann auch gleich von allein auf den Weg zu den Weideplätzen mit den verlockendsten Gräsern und Kräutern machen. Hatten Sophie und ich endlich drei Kühe nach draußen getrieben, wollten sie trotz Kälte und Schnee nicht wieder zurück in den Stall. Was haben wir geflucht und geschimpft. Bis schließlich alle Kühe versorgt waren und die Stallarbeit erledigt, waren wir völlig durchgefroren und abgekämpft. Und obwohl es in der Stube schön warm war, tauten wir erst nach einem Teller heißer Suppe langsam wieder auf.

Rohrnudeln

Fragen Sie mich nicht, warum, aber Rohrnudeln sind unser Lieblingsessen bei Regenwetter.

Zutaten für ca. 20 Stück

1 kg Dinkelmehl
1 Trockenhefe
2 EL Zucker
400 ml Milch
ca. 100 ml Wasser
100 g Butter für den Hefeteig
ca. 100 g Butter für die Reine (Auflaufform) und zum Bestreichen
ca. 50 g Zucker zum Ausstreuen der Reine
Marmelade nach Wahl zum Füllen
Nach Belieben Vanillesoße zum Servieren

Das Mehl mit der Trockenhefe und dem Zucker mischen. Milch, Wasser und Butter erwärmen und mit der Mehlmischung zu einem mittelfesten Hefeteig kneten. Den Teig zugedeckt etwa 30 Minuten an einem warmen Ort gehen lassen.

Die Reine mit Butter einfetten und mit etwas Zucker ausstreuen.

Den Hefeteig in ca. 20 Portionen teilen. Jedes Teil flach drücken, einen Teelöffel Marmelade in die Mitte setzen, das Ganze zu einer Kugel formen und in die Reine setzen.

Die Rohrnudeln mit zerlassener Butter bestreichen und bei etwa 180 °C 30 Minuten backen.

Manchmal gieße ich die Rohrnudeln mit Milch auf und backe sie so, dann werden sie schön saftig.

Wir essen die Rohrnudeln gern mit Vanillesoße.

So erschöpft wir auch waren, fanden wir in der folgenden Nacht dennoch kaum Schlaf, denn während wir die Geräusche aus dem Kuhstall – das Muhen, das Schnauben, das Peitschen mit dem Schwanz, das Rasseln der Ketten, das Bimmeln der Glocken – tagsüber kaum wahrnahmen, drangen sie in der Stille der Nacht laut an unsere Ohren. Dafür warteten unsere Kühe am nächsten Morgen im Stall auf uns, und wir mussten sie nicht in der Kälte suchen gehen.

Heulieferung

Da wir den Kühen tagsüber immer etwas Heu fütterten und sich der Vorrat langsam zu Ende neigte, orderten wir per Funk – unserer einzigen Verbindung zum Bauernhof im Tal, denn auf der Alm gab es keinen Handyempfang – Nachschub. Bereits am nächsten Tag kam unser Bauer Albert mit einem großen Ballen Heu auf dem Ladewagen angetuckert. Sophie und ich waren gerade bei der Stallarbeit, und mein Mann, der auf Besuch war, schaute auf die Kinder. Aber wir alle wollten nun natürlich beim Verladen des Heuballens zuschauen. Ich vermute, dass Albert so viel Publikum nicht gewohnt war und es ihn nervös machte, denn was nun folgte, war ein besonderes Schauspiel.

Albert wechselte auf den »Alm-Traktor« mit Heugabel, um den Heuballen aufzuspießen und vom Ladewagen zu heben. Dabei rangierte er so wild hin und her und vor und zurück, dass in kürzester Zeit die Wiese umgepflügt war und nun der Dreck nach allen Seiten spritzte. Als der Ballen endlich auf der Gabel saß, lenkte Albert den Traktor vor die Stalltür, über der sich ein kleines Tor zum Beladen des Heubodens befand. Nun musste er den Ballen zuerst nach oben hieven, bis auf Höhe dieser

Ladeluke, und dann durch die Öffnung bugsieren. Schorschi, Sophie, die Kinder und ich standen gaffend daneben, was wohl nicht nur Alberts Rangierkünsten, sondern auch seinem Augenmaß abträglich war. Wobei ich dem guten Mann zugutehalten muss, dass der Heuballen ziemlich genau die Größe der Luke hatte. Wie dem auch sei, jedenfalls holte Albert Schwung – und traf haarscharf daneben. Er glaubte aber, mit Gewalt bringe er den Ballen schon irgendwie hinein, und drückte und schob. Die ganze Hütte wackelte, und die Balken knarzten bedrohlich. Wir schrien, fuchtelten mit den Armen, um Albert zu stoppen. »Das geht schon!«, rief er uns zu und schob wieder an. Doch da war nichts zu machen, der Heuballen sperrte sich. Albert korrigierte seinen Kurs ein bisschen und holte erneut Schwung, doch auch dieser Versuch schlug fehl. Mit zitternden Knien, denn mittlerweile hatten wir Angst, dass die Hütte den Anstürmen nicht länger standhalten würde, bemühten wir uns, Albert in die richtige Position zu dirigieren. Beim dritten Anlauf fand der Ballen dann endlich seinen Weg auf den Heuboden! Er war zwar etwas derangiert, und das Tor der Ladeluke ließ sich seither nicht mehr richtig schließen, aber wir waren froh, dass wenigstens die Hütte noch stand und die Kühe und wir noch ein Dach über dem Kopf hatten.

Damals fanden wir es überhaupt nicht lustig, doch heute muss ich schon bei dem Gedanken daran schmunzeln, und wenn Sophie und ich in Erinnerungen an unsere Almsommer schwelgen, laufen uns bei dieser Geschichte Lachtränen übers Gesicht.

Ein Jahr später ging ich erneut auf die Krumbachalm, nun schon mit drei Kindern. Magdalena war zu Almbeginn vier, Luise zweieinhalb Jahre und das jüngste Familienmitglied, Sohn Josef, fünfeinhalb Monate alt. In den letzten Tagen vor der Anreise war ich ziemlich angespannt und auch etwas nervös, ob ich mir nicht zu viel zugemutet hatte, als ich mich entschied, mit drei Kindern auf die Alm zu gehen. Würde unser Seppi die Nacht durchschlafen, damit ich morgens rechtzeitig aus dem Bett käme? Wie würde die Stallarbeit mit drei Kindern funktionieren? Doch sobald ich »meine« Hütte betrat, verflogen sämtliche Bedenken, und ich war einfach nur glücklich, dass ich wieder auf der Alm sein durfte. Das Einzige, was mir fehlte, waren die Kühe, denn die »reisten« erst einen Tag nach mir an.

Luise war noch zu klein dafür, aber Magdalena schien sich an alles zu erinnern. Gemeinsam gingen die beiden auf Erkundung und halfen dann beim Auspacken und Einräumen. Mittlerweile hatte ich da schon Routine: Die Nahrungsmittel wurden in großen, fest verschließbaren Plastikboxen verstaut, um sie vor gefräßigen Mäusen zu schützen – außer den Konserven, die kamen ins Regal –, Töpfe und eine Bratpfanne wurden an der Wand platziert. Ich liebe es, wenn man einfach nur einen Nagel in die Hüttenwand zu schlagen braucht, um etwas aufzuhängen. So einfach und praktisch. Das ist auch ein Punkt, warum ich das Almleben so liebe. Zu Hause würde ich nie einen Nagel in die Wand schlagen, um *vorübergehend* etwas aufzuhängen.

Vor dem nächsten Tag hatte ich etwas Bammel, denn da musste ich noch ohne Sophie auskommen, meiner bewährten Mitsennerin und erprobten Hüterin von Kühen und Kindern. Ich war also mit drei Kindern und vielen Kühen allein. Doch meine zwei Mädchen beschäftigten sich die meiste Zeit allein, und Seppi schlief nach all der Aufregung des gestrigen Tages über Stunden tief und fest im Kinderwagen, sodass ich ungestört der Stallarbeit nachgehen konnte.

Stöckelschuh für die Kuh

In jenem Almsommer hatten wir zwei Kühe, die uns Sorge bereiteten, wenn auch auf höchst unterschiedliche Art. Die eine war die Fürstin. Sie kam schon mit einem angeschlagenen Fuß hinauf auf die Alm. Irgendetwas schien mit der Klaue nicht in Ordnung zu sein, denn sie setzte das Bein nicht auf. Am zweiten Abend kam deshalb der Bruder der Bäuerin, seines Zeichens Klauenschneider, auf die Alm. Wir kannten ihn von den letzten Jahren und waren daher vorgewarnt, dass er sich erst einmal nahezu komplett entkleiden würde, bevor er in seinen Stallanzug schlüpfen würde. Die Überraschung war dieses Mal anderer Art: Karli kam mit einem nagelneuen, riesigen, voll automatisierten Klauenstand angefahren. Ein Klauenstand ist ein Gestell, in das die Kuh eingespannt werden kann, um ihr die Klauen zu schneiden oder anderweitig zu behandeln, ohne Gefahr zu laufen, dass das Tier ausbüxt oder man von der Kuh getreten wird. Karlis neuer Klauenstand war enorm, weil man ihn, sobald die Kuh darin festgezurrt war, kippen konnte, sodass die Kuh quasi auf der Seite lag und Karli bequem im Stehen seiner Arbeit nachgehen konnte. Aber so, wie die Kuh ihre Augen verdrehte und pausenlos schiss, hatte sie mächtig Angst und fühlte sich nicht wohl bei ihrer Pediküre. Da half kein Streicheln, kein gutes Zureden. Eigentlich verständlich – bei einer solchen Maschinerie und der ungewohnten Lage. Karli schnitt und feilte an der wunden Klaue und verpasste der Fürstin abschließend einen Stöckelschuh, das heißt, er klebte ihr ein Holzklötzchen auf den gesunden Teil der Klaue, sodass die entzündete Stelle keinen Bodenkontakt hatte und entlastet wurde. Wir behandelten die Kuh die folgenden Tage mit Arnikaglobuli, und nach ungefähr einer Woche war alles gut.

Edolas »Spritzfahrt«

Die nächste Kandidatin war die Edola. Sie hatte keinen wehen Fuß, sondern wollte nicht schwanger werden. Um die Milchleistung aufrechtzuerhalten, werden Kühe etwa acht bis zwölf Wochen nach ihrer Kalbung wieder besamt, und zwar, wie es in der Landwirtschaft gängig ist, künstlich vom Tierarzt. Edola hatte diese Prozedur schon zweimal über sich ergehen lassen, doch jetzt zeigte sie wieder Anzeichen, dass sie stierig war, dass also ihr Eisprung bald einsetzte. Kühe werden dann unruhiger, schleimen viel mehr und bespringen ihre Kolleginnen. Ich weiß nicht, was da falsch läuft, warum die Kuh plötzlich denkt, sie wäre ein Stier. Aber so ist es halt, und wir meldeten den Sachverhalt der Bäuerin. Abends kam der Bauer mit dem Viehanhänger angefahren. O Schreck, sie werden die Kuh jetzt nicht zum Metzger bringen, nur weil sie wieder nicht trächtig war? Uns fiel ein Stein vom Herzen, als Albert uns sagte, dass er die Edola zu einem Stier fährt. Falls die künstliche Besamung nicht klappt, erklärte er uns, funktioniert der Natursprung meistens besser. Ob wir mitfahren wollen? Na selbstverständlich! Dieses Spektakel wollten wir uns nicht entgehen lassen. Als wir den Stier Xaver dann sahen, schauderte uns. Er war riesig, Furcht einflößend. Ein Monster! Sein Bauer führte ihn am Nasenring aus dem Stall und zu Edola, die, außen an der Stallwand angebunden, bereits auf ihn wartete. Irgendwie fühlten wir uns bei dem nun folgenden »Kuhporno« ein bisschen fehl am Platz, schämten uns beinahe, dass wir zuschauten. Die Sache dauerte keine Minute, und schon wurde Edola wieder auf den Hänger verfrachtet, und wir brausten davon. Es sah nicht so aus, als ob es einem der beiden direkt Beteiligten Vergnügen bereitet hätte, aber für uns war die Hauptsache, dass bei Edola die Anzeichen erneuter Stierigkeit ausblieben. Xaver hat einen guten Job gemacht, wenn er auch ein bisschen einfühlsamer und liebevoller hätte sein können. Aber bei so viel Publikum …

Auch dieser Almsommer neigte sich irgendwann dem Ende zu. Man merkte deutlich, dass es »herbstelt«. Morgens war es nun recht kühl, und es lag Tau auf den Wiesen, und die Blätter der Bäume färbten sich allmählich bunt. Wehmut machte sich in mir breit, weil der Sommer zu Ende ging und ich wieder ins Tal musste. Diesen Durchhänger gegen Ende der Almzeit kannte ich ja schon, aber dieses Mal war es besonders schlimm, da ich mich entschieden hatte, mir im nächsten Jahr eine neue Alm zu suchen. Schon im April 2009 hatte ich nämlich einen Käsekurs bei einer Molkerei gemacht und wollte mein Wissen im nächsten Almsommer endlich anwenden können. Also war es ein richtiges Abschiednehmen. Von der Alm, die für mich immer eine besondere Bedeutung haben wird, weil ich dort das Almleben kennen- und lieben gelernt habe, und von den Kühen, die ich so lieb gewonnen hatte. Die letzten Tage tat ich daher alles sehr bewusst: in der Früh hinausgehen, durch den Wald spazieren, die gute Luft einatmen, an der Jägerwiese auf das Rofangebirge schauen, wie es majestätisch über Brandenberg mit seinen vielen steilen Hängen und schönen urigen Bauernhöfen thront und es bewacht; die Kühe suchen und mich freuen, wie sie angelaufen kommen, wenn sie mich hören, und dann im Gänsemarsch mit ihnen nach Hause trotten; mich beim Melken an eine warme Kuh lehnen. Ich genoss mit aller Achtsamkeit den köstlichen Milchkaffee nach der Stallarbeit; die wunderbare Eimerdusche mitten in einer friedlichen, wunderschönen Natur; unser gemütliches Lager unter dem Dach, wo mir der Heuduft in die Nase steigt … Krumbachalm, wie werde ich dich vermissen! Erfüllt von einem wunderschönen Almsommer, wehmütig und traurig wegen des Abschieds, aber zugleich gespannt auf die Zukunft, verließ ich am 20. August 2010 die Alm.

Da Summa is aussi, eines meiner Lieblingslieder

Da Summa, der is aussi, i muaß abi ins Tal.
Pfüat di God, mei liabe Alma, pfüat di God tausendmal!
Schea staad is 's scho word'n ja,
koa Vogerl singt mehr ja,
und es waaht scho da Schneewind vom Wetterstoa her ja,
und es waaht scho da Schneewind vom Wetterstoa her.
Ös Stoawänd, ös Gamsberg, pfüat enk God all mitnand,
ös tausend scheane Bleamlan, so liab und bekannt!
Mei Hütterl, mei kloans ja,
kimmt ma net aus'n Sinn ja,
wo i oftmals so trauri, drauf glückli gwe'n bin ja,
wo i oftmals so trauri, drauf glückli gwe'n bin.
So hart wia ma heint is, is mar aa no nia gschehgn,
als sollt i meine Alma heint zum letzten Mal sehgn.
Und müaßt i gar bald scho
zur Erd und zur Ruah ja,
so deckts mi mit Felsstoa und Almbleamlan zua ja,
so deckts mi mit Felsstoa und Almbleamlan zua.

Nach einem Gedicht von
Anton Schosser (1801–1849)

Eine neue Herausforderung

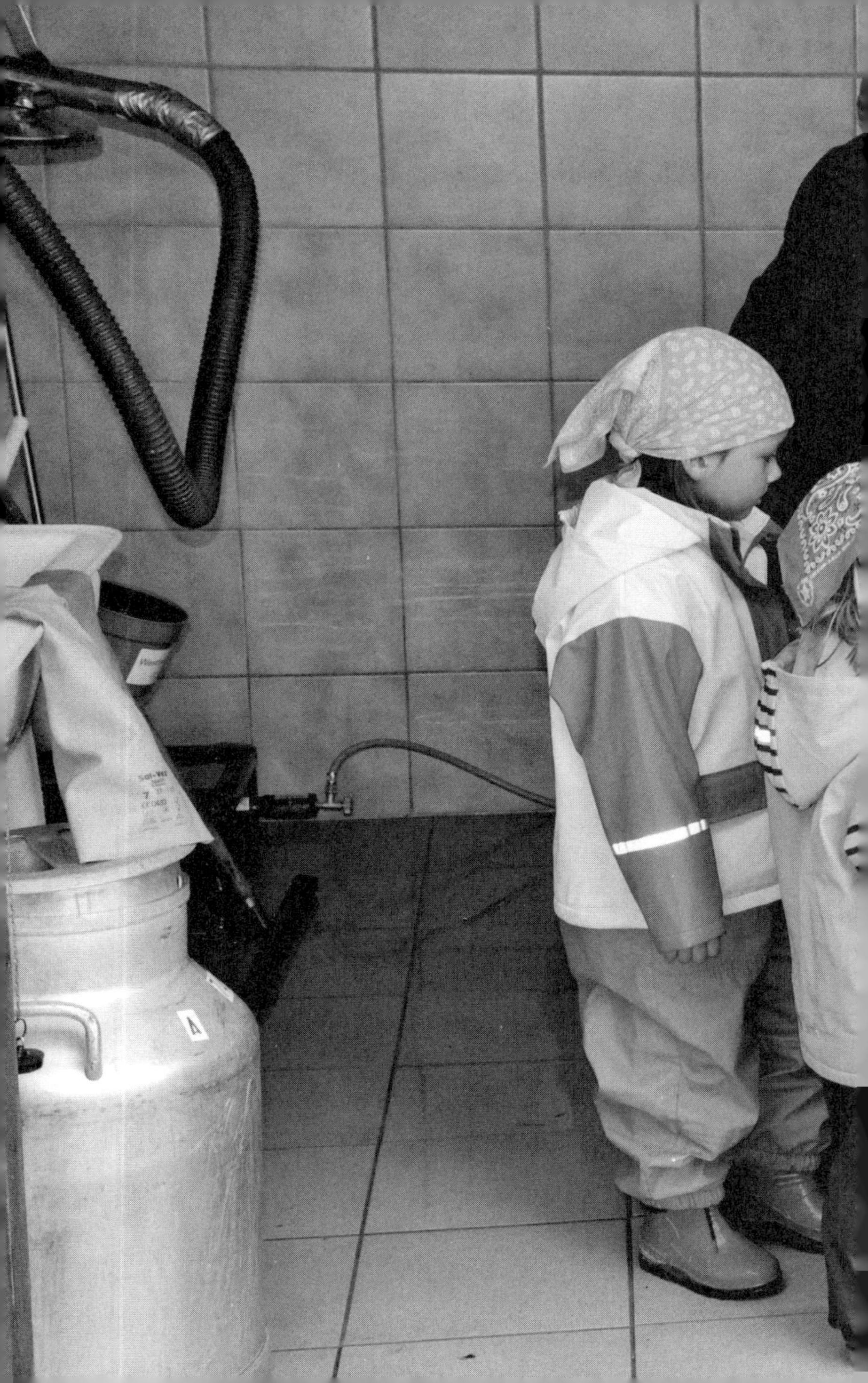
A

Bei meiner Suche nach einer Alm, auf der ich richtig käsen konnte, landete ich lustigerweise wieder im Brandenberger Gebiet. Auf der Zöttbachalm sollte es ein *Milchkammerl* geben. Damit ist nicht etwa eine Abstellkammer für Milchkannen gemeint, sondern das Herzstück der Milchverarbeitung. Ein Milchkammerl muss zahlreichen Hygienevorschriften genügen, zum Beispiel gekachelt sein, einen Gully sowie einen Heiß- und Kaltwasseranschluss haben. Ich würde sechs Milchkühe und zehn Jungviecher haben, so weit, so gut. Aber würde ich in größerem Maßstab käsen können, nicht nur für den Eigenbedarf? Der Almsommer sollte von Mitte Mai bis September gehen, ich wäre also mehr als doppelt so lange von zu Hause weg als in den vergangenen Jahren. Das allein wäre kein Problem. Aber mit drei Kindern und ohne Sophie? Meine Schwester hatte nämlich keine Zeit. Langsam entstand ein Plan. Mein Mann, der damals als Softwareentwickler in Innsbruck und somit nur gut fünfzig Kilometer von der Alm entfernt arbeitete, würde für die vier Monate eine Dreißigstundenwoche von Montag bis Mittwoch arrangieren und von Donnerstag bis Sonntag auf die Alm kommen und mir helfen – was für ein Kontrastprogramm.

Sobald es die Schneemenge zuließ, fuhren wir mit den Kindern die Alm anschauen. Wir alle waren ganz aufgeregt, ich besonders. Die Hütte war ungewöhnlich groß und richtig luxuriös. In der Stube gab es neben dem üblichen Holzofen einen Elektroherd und fließend Wasser. Es gab ein Schlafzimmer, eine kleine Kammer mit einem Kinderbett, ein Bad mit einem großen

Boiler, den man mit Holz befeuerte, einem großen Waschbecken, einer Dusche und sogar einer richtigen Toilette. Vor der Hütte stand eine fest installierte, etwa zwei Meter lange Bank, die mein liebster Platz werden sollte: Wie schön war das erste Frühstück, meine Tasse Tee, auf dieser sonnenverwöhnten Hausbank. Oder die Abende, wenn langsam alles ruhig wurde. Und wie sehr genoss ich die Abende, an denen mein Mann und ich auf der Hausbank saßen und redeten. Komischerweise machten wir das nur auf der Alm. Nie setzten wir uns im Winter auf unsere Ofenbank und ratschten miteinander.

Wie sich herausstellte, war das Milchkammerl brandneu und entsprach der neuesten EU-Lebensmittelhygieneverordnung. Die nächste Überraschung war ein Keller, der sich als Reifekeller für den Käse entpuppte mit Regalen zum Lagern der Laibe, denn auf der Zöttbachalm hatten die Menschen von jeher Käse produziert. Wie es früher auf jeder Alm mit Milchvieh der Fall war, als noch kein Milchauto fuhr und man die Milch notgedrungen selbst zu Butter und Käse verarbeitete. Schnell wurden wir mit dem Almbauern Markus handelseinig: An den vier Tagen, an denen mein Mann auf der Alm sein würde, würden wir Markus die Milch abkaufen, während ich sie an den restlichen Tagen abliefern, sprich vom Milchauto abholen lassen würde. Den Käse und die Butter, die ich produzierte, dürfte ich frei verkaufen und den Erlös behalten.

Der geeignete Raum war zwar da, aber nicht fürs Käsen ausgestattet. Kaum wieder zu Hause, machten Schorschi und ich uns daran, das zu ändern. Ein guter Freund lieh uns einen großen Kupferkessel. Dieser fasste einhundert Liter und war somit ideal. Ein anderer guter Freund baute uns eine Käseharfe – parallel verlaufende starke Drähte in einem Rahmen –, mit der man die eingedickte Milch zu Käsebruch schneidet. Käseformen und eine Schöpfkelle besorgten wir neu. Außerdem kauften wir einen Edelstahltisch, auf dem die Molke aus den Käseformen rinnen konnte, sowie ein Regal, in dem wir alle Utensilien verstauen konnten. Übers Internet erstanden wir eine gebrauchte Buttermaschine. Lange suchten wir auch nach einer gebrauchten Milchzentrifuge, wurden aber nicht fündig, weshalb wir uns eine neue leisteten. Wir legten uns richtig ins Zeug, scheuten keine Mühen und keine Kosten. Auf ein Projekt hin zu arbeiten, das können wir beide sehr gut.

Markus' Vater, der bisher die Alm bewirtschaftet hatte, war im vergangenen Sommer ganz plötzlich verstorben, und die Familie brachte es nicht über sich, seine Sachen aus der Hütte zu räumen. So nahmen Schorschi und ich uns ein verlängertes Wochenende kinderfrei, räumten die persönliche Habe des Altbauern und was sich über die Jahre an Unnützem angesammelt hatte, ins Freie und putzten die Hütte anschließend gründlich durch. Da ich beim Käsen mit Kräutern und Blüten experimentieren wollte, legten wir ein kleines Beet an und setzten Ringelblumen, Kapuzinerkresse, Schnittlauch, Liebstöckel und einiges mehr ein. Die farbenfrohen Geschmacksgeber würden bei mir aber nicht auf der Rinde landen wie bei vielen Heublumen- oder Wildblumenkäsen, die es im Supermarkt zu kaufen gibt, sondern *im* Käse. Auch ein paar Salatpflänzchen fanden noch einen Platz im Beet.

Außerdem hatten wir den grandiosen Einfall, uns für die Almzeit zwei Schweine zuzulegen. Warum ausgerechnet Schweine und nicht zum Beispiel Ziegen? Beim Käsen entsteht als Nebenprodukt sehr viel Molke, mehr, als wir hätten trinken können, und sie einfach wegzuschütten widerstrebte mir. Und da kamen die Schweine ins Spiel, denn Schweine lieben Molke über alles. Die Idee mit den Schweinen war aber nicht ganz uneigennützig, denn Molke sorgt durch ihren hohen Eiweißanteil für hervorragendes Fleisch. Der Kreislauf schließt sich. Genial! Natürlich würden die Schweine nicht von Molke allein leben müssen, das wäre dann doch eine etwas dürftige Diät. Sie würden außerdem Getreideschrot bekommen und nach Belieben grasen dürfen. Und da auch unsere Hühner mit auf die Alm kämen, bauten wir einen Hühnerstall und einen Unterstand für die Schweine. Unser Bauer stellte uns leihweise das nötige Holz dafür zur Verfügung. Am Ende der Almzeit, so die Vereinbarung, würden wir den Stall und den Unterstand zerlegen und das Holz zurückgeben. Die Zusammenarbeit mit Markus hat bestens funktioniert, und seine Hilfsbereitschaft und Unterstützung haben mich überwältigt.

Drei volle Tage arbeiteten Schorschi und ich von früh bis spät. Obwohl es sehr anstrengend war, genoss ich es, es war für mich sogar eine Art Erholung, weil ich endlich mal bei einer Arbeit bleiben konnte, ohne ständig von den Kindern unterbrochen zu werden, die irgendetwas brauchten oder wollten.

Der Umzug auf die Alm war eine logistische Herausforderung, denn zu allem Üblichen musste dieses Mal unser Esstisch mit, weil der in der Hütte zu klein für uns alle war, und die Utensilien zum Käsen: der große Käsekessel, die Käseharfe, Käseformen und, und, und. Sobald alles entladen war, holte Schorschi die vorbestellten Ferkel von einem Biohof, zwei kastrierte Eber, die wir Ferdinand und Fridolin nannten. Zwei Tage später kamen die Hauptdarsteller – die Kühe! Nun konnte es losgehen.

Zwar hatte ich beim Käsekurs in der Molkerei viel über die Herstellung unter anderem von Sauermilchprodukten, Butter, Quark, Weich-, Schnitt- und Hartkäse gelernt und habe zig Bücher zu dem Thema gelesen, aber wie heißt es so treffend: Theorie und Praxis sind zwei Paar Schuhe. Darum bin ich unserem Freund Toni bis heute für seine Hilfe dankbar. Toni arbeitet in der Schweiz als Senner und hat viel Erfahrung im Käsen. Und obwohl ja auch für ihn gerade Almzeit war und er mehr als genug Arbeit hatte, kam er für zwei Tage zu uns auf die Alm, um mit mir Käse zu machen und mir ein paar Kniffe zu zeigen.

Käsetage

An den Käsetagen drehte sich wirklich alles ums Käsen, da blieb kaum Zeit für anderes. Gleich nach dem Melken ging es los. Die noch kuhwarme Milch wurde in den Kupferkessel geschüttet. Dazu kam die Milch vom Vorabend, und da diese in Kannen über Nacht im kühlen Brunnenwasser gestanden hatte, sorgte sie schon fast für die ideale Temperatur zum Käsen: vierundzwanzig Grad soll die Milch haben, wenn sie mit Säuerungskulturen – ich verwendete Joghurt – »geimpft« wird. Die Säuerungskulturen lassen die guten Bakterien wachsen und hemmen die schlechten.

Während der dreißig bis vierzig Minuten, in denen die Milch säuerte, gab es Frühstück und den lang ersehnten Kaffee. Danach ging es gleich weiter mit dem Käsen. Die Milch wird nun mithilfe eines Gasbrenners auf etwa vierunddreißig Grad erhitzt, dann wird Lab hinzugefügt. Lab ist ein Enzym, das aus dem Kälbermagen gewonnen wird und die Milch zum Gerinnen bringt. Jetzt muss das Ganze wiederum dreißig bis vierzig Minuten stehen gelassen werden. In der Zeit stockt die Milch und nimmt eine puddingähnliche Konsistenz an. »Dicklegung« nennt man das in der Fachsprache. Sobald die Masse die richtige Konsistenz hat – nicht zu weich und nicht zu fest, »das muss man spüren«, sagte Toni immer –, wird sie mit der Käseharfe zerteilt. In welche Größe man sie schneidet, kommt auf die Art des Käses an, den man produzieren möchte: Für Hartkäse wird sie ziemlich klein geschnitten, weizenkorn- bis maiskorngroß, damit mehr Molke austritt. Für den geschmeidigeren Schnittkäse zerteilt man sie in Würfel von ungefähr fünf Zentimeter Kantenlänge. Dann heißt es rühren, rühren, rühren, damit sich der Käsebruch nicht am Kesselboden sammelt und zusammenklebt. Nun wird die Kesseltemperatur auf 38 Grad erhöht. Ich entnahm dafür etwas Molke und schüttete dafür einen Schwall

70 Grad heißes Wasser in den Kessel, und zwar möglichst genau so viel, dass die Kesseltemperatur auf eben 38 Grad stieg. Dadurch tritt die Molke noch besser aus. Und wieder muss man nun den Bruch in Bewegung halten. Für Schnittkäse reichen zehn bis fünfzehn Minuten, für Hartkäse muss es etwa eine halbe Stunde sein. Das ist anstrengend und nichts für Untrainierte. Will man Kräuterschnittkäse machen, ist jetzt der Zeitpunkt, die Zutaten mit einzurühren. Ich probierte vieles aus: die Ringelblumen und die Kräuter aus meinem eigens dafür angelegten Beet, aber zum Beispiel auch Brennnesseln. Das Experimentieren machte mir unheimlich viel Spaß, weshalb ich lieber Schnittkäse als Hartkäse produzierte. Wenn der Bruch fertig ist, wird ab- beziehungsweise »ausgeschöpft«. Wann genau der richtige Zeitpunkt dafür gekommen ist, ist ebenfalls wieder eine Sache des Gespürs, wie die Käseproduktion überhaupt viel mit Gefühl zu tun hat. Zum Ausschöpfen von späterem Schnittkäse taucht man die Käseformen in den Kessel und »fischt« den Bruch heraus, während man ihn für Hartkäse mithilfe eines Tuchs abseiht.

Das Ausschöpfen muss sehr zügig vonstattengehen, weil die Temperatur bis zum Schluss konstant bleiben sollte. Die Käseformen macht man übervoll, da der Bruch schrumpft, wenn die überschüssige Molke austritt. Schon nach drei Minuten kann der Käse das erste Mal »umgestürzt« werden. Ich finde es jedes Mal wieder phänomenal, dass der Bruch bereits nach so kurzer Zeit zusammenhält. Zum Wenden nimmt man ihn aus der Form und stülpt ihn kopfüber wieder hinein. In den nächsten Stunden muss das mehrmals, aber zum Glück in immer länger werdenden Abständen wiederholt werden, damit die Molke gleichmäßig austritt: nach fünf Minuten, nach zehn Minuten, nach einer halben und einer ganzen Stunde, danach nach zwei, drei, vier und sechs Stunden. Schließlich wird der Käse gepresst, um die letzte Molke herauszuquetschen. Da ich keine

Presse hatte, beschwerte ich die Holzdeckel der Käseformen mit schweren Steinen.

Über Nacht darf der Käse – und die Käserin – dann endlich ruhen. Dabei mag es der Käse gleichmäßig warm. Um Temperaturschwankungen zu vermeiden, griff ich auf einen von Tonis Tricks zurück und deckte die Behälter mit einer Rettungsfolie ab. Am nächsten Tag wird der Käse für eine gewisse Zeit – die Dauer variiert je nach Käseart – in ein Salzbad gelegt. Anschließend lagert er im Keller auf Holzbrettern und muss nun jeden Tag gewendet und mit einer Lösung aus Salzlake und Rotschmierebakterien eingerieben werden, damit er eine schöne Rinde bekommt und gut reifen kann. Je länger ein Käse lagert, desto würziger und trockener wird er. Schnittkäse muss ungefähr vier bis sechs Wochen lagern, Hartkäse mindestens sechs Monate. Die Käseproduktion ist wahrlich nichts für rastlose Gemüter. Es braucht nicht nur viel Ausdauer und Ruhe bei der Herstellung, sondern auch eine gehörige Portion Geduld und Optimismus danach, da man erst nach Wochen oder Monaten erfährt, ob sich der ganze Aufwand gelohnt hat. Ich war mit meinen Produkten alles in allem sehr zufrieden, nur der Graukäse wollte mir hier einfach nicht gelingen.

Nichtkäsetage

Auch an den »Nichtkäsetagen« – das heißt, wenn mein Mann in Innsbruck in der Arbeit war und ich mit den Kindern allein – durfte ich nicht trödeln. Schon um sechs Uhr morgens musste ich die Milch vom Vortag am Sammelplatz abliefern. Anschließend musste der Tank gründlich gereinigt werden. Erst danach konnte ich mich um die Kühe kümmern. Da die Weide eingezäunt war und der Zaun Stück für Stück versetzt wurde, damit die Kühe gezielt abgrasten und nicht alles zertrampelten, standen die Tiere relativ eng beisammen. Ich musste sie daher nicht lange suchen, sondern brauchte eigentlich nur das Gatter zu öffnen, und schon trabten sie Richtung Stall. Einerseits war das natürlich sehr praktisch, anderseits fehlte mir das morgendliche Umherstreifen auf der Suche nach den Kühen, denn dabei hatte ich in den Jahren davor immer meine Akkus aufgeladen. Meist waren jetzt alle Kinder schon wach, da sie aber noch nichts gefrühstückt hatten, manchmal recht anstrengend. Deshalb ging ich dazu über, ihnen gleich morgens Müsli und Milch auf den Tisch zu stellen. Jetzt waren sie zwar nicht mehr so quengelig, dafür musste ich danach viel putzen.

Wenn die Kühe gemolken und mit Kraftfutter und Heu versorgt waren, die Milch im Tank kühlte und die Hühner und die Schweine gefüttert waren, dann endlich konnte auch ich frühstücken. Nach der Hausarbeit, bei der meine Mädchen eifrig halfen, hatten wir Zeit, zu spielen, zu malen, Kräuter zu sammeln oder Sirup herzustellen.

Unverhofft kommt oft

Seit einiger Zeit war ich schrecklich müde, obwohl ich eigentlich genug Schlaf bekam, und oft war mir übel. Ich ahnte etwas. Als dann auch noch meine Periode ausblieb, war ich mir ziemlich sicher, und der Frauenarzt bestätigte mir bald darauf meine Vermutung. Schwanger! Wir würden also bald vier Kinder haben. Wie sollten wir das bloß schaffen? Nervlich und finanziell? Außerdem würde unsere Wohnung endgültig aus allen Nähten platzen. Verzweiflung wollte sich breitmachen, doch dann kehrte mein Optimismus zurück, und ich sagte mir, dass es schon irgendeine Lösung geben werde. Alles geht immer irgendwie weiter. Insgeheim hatte ich mir ohnehin vier Kinder gewünscht, halt nur nicht so schnell hintereinander.

Kurz darauf löste sich völlig unverhofft das Wohnungsproblem. Kaum zu glauben, aber eine Woche nach der Bestätigung meiner Schwangerschaft durch den Frauenarzt drang die frohe Kunde auf die Alm, dass in Wallgau ein Haus zur Miete frei wird – nicht irgendein Haus, sondern unser Traumhaus! Es handelte sich um einen alten Bauernhof in der ältesten Häuserzeile in Wallgau. Oft schon waren Schorschi und ich daran vorbeispaziert, hatten sehnsüchtig in die Fenster geblickt und gesagt: »Das wäre es!« Hatten uns vorgestellt, wie schön man alles herrichten könnte, den Garten, die Küche, die Stube, den leer stehenden Stall. Der Eigentümer hatte erfahren, dass wir auf der Suche nach einer größeren Bleibe waren, und Schorschi gefragt, ob wir Interesse hätten. Als mein Mann mir davon erzählte, wurde ich gleich ganz hibbelig. Schorschi aber nahm das Angebot wohl gar nicht richtig ernst und reagierte eher zögerlich. Fast hysterisch schrie ich ins Telefon, dass man da doch gar nicht überlegen dürfe und er *sofort* den Vermieter anrufen und ihm zusagen solle. Allerdings war es da bereits halb zehn Uhr abends, kein guter Zeitpunkt, um den Vermieter zu stören. Da musste ich Schorschi recht geben. Und mich bis zum nächsten Morgen gedulden. Momente wie diese sind für mich bis heute schwierig, denn wenn ich eine Idee oder einen Plan habe oder sich, wie in diesem Fall, eine günstige Gelegenheit bietet, will ich sofort loslegen; alles kitzelt und kribbelt dann in mir, und ich kann kaum stillhalten. Am nächsten Tag kam die erlösende SMS: »Das mit dem Haus geht klar.« Ich schrie und tanzte vor Freude. Nun konnte ich mich uneingeschränkt auf mein viertes Kind freuen.

Und es gab noch eine weitere gute Nachricht. Unser Traumhaus hatte einen Felsenkeller! Etwas Besseres hätte uns nicht passieren können, denn seit Monaten bereitete es uns Kopfzerbrechen, wo wir unseren Käse nach der Almzeit lagern sollten, vor allem den Hartkäse, der etliche Monate zum Reifen braucht. Zwar hatten meine Eltern einen geeigneten Keller, doch die wohnten nicht gerade in der Nähe von Wallgau; Burghausen liegt immerhin zweihundert Kilometer entfernt. Und da zu unserem neuen Zuhause ein Stall gehörte, könnte ich mir ja eine Milchkuh oder vielleicht ein paar Schafe oder Ziegen zulegen und meinem Spaß am Käsen künftig auch zu Hause nachgehen. Ich sah herrlichen Zeiten entgegen. Tatsächlich schafften wir uns später ein paar Ziegen an und verarbeiteten ihre Milch zu Käse.

Alles hat zwei Seiten

Offenbar war mein Glücksvorrat nun erst einmal erschöpft, denn es ging mir in dieser Schwangerschaft zunehmend schlechter. Es würgte mich schon beim Aufwachen, wenn mir der Geruch von Käse in die Nase stieg, der vom Keller bis in die Stube waberte. Also ab in den Stall. Doch da war es kein bisschen besser. Ich war schrecklich geruchsempfindlich, und mir war *ständig* übel – nicht nur morgens mal für eine halbe oder eine Stunde, sondern den ganzen Tag über. Außerdem wurde ich oft von grässlichen Kopfschmerzen geplagt, und die Müdigkeit wurde ebenfalls schlimmer statt besser. Das alles machte mir vor allem an den drei Tagen zu schaffen, die Schorschi in Innsbruck und ich allein auf der Alm war. Und immer wieder blitzte die Angst auf, wie wir mit vier Kindern finanziell über die Runden kommen sollten. Als wäre dem nicht genug, fiel unserem Seppi, wie es wohl typisch für einen Buben ist, allerhand Blödsinn ein. Nie werde ich vergessen, wie er frisch angezogen auf die Weide lief und mit bloßen Händen in einem Kuhfladen wühlte. Den *Batz* schön auf der Kleidung verschmiert, kam er aufgeregt zu mir gelaufen und rief: »Muh – bäh! Muh – bäh!« Na servus, dachte ich. Ich war gerade dabei, das Melkgeschirr zu waschen, musste nun aber alles stehen und liegen lassen, bevor Seppi den Kuhmist sonst wo verteilte. Ich zog ihn aus, schrubbte ihn in der Badewanne sauber, zog ihn an und wusch anschließend die verdreckte Kleidung. Nach einer halben Stunde konnte ich endlich mit dem Melkgeschirr weitermachen. Es dauerte jedoch nicht lange, da kam Seppi wieder angelaufen mit »Muh – bäh« an den Händen … Ich hätte heulen können.

Da mein Almsommer in jenem Jahr über vier Monate ging, kam auch mehr Besuch als sonst, und da wir viel Platz hatten, blieben etliche Gäste über Nacht. Normalerweise habe ich gern Besuch, doch jetzt empfand ich es als ungeheuer anstrengend, jedes Mal die Leute einzuweisen und ihnen zu erklären, wie und wobei sie helfen konnten. Und während mir manche Arbeit abnahmen, machten mir andere eher welche.

Eine wunderbare und besonders in diesem Sommer willkommene Hilfe waren Lisa und Louisa, obwohl die zwei Mädchen damals erst vierzehn Jahre alt waren. Lisa Strobel, die Tochter von guten Freunden, kam jedes Jahr für eine Woche auf die Alm. Sie konnte bestens mit Kindern umgehen, und meine Kinder liebten die »Hupfa-Lisa«. Diesen Spitznamen hatte sie, seit sie einmal mit meinen Kindern auf einem Trampolin herumgehüpft war. Ihrer Begabung zufolge ist sie mittlerweile Kindergärtnerin – und ich freue mich für jedes Kind, das die Hupfa-Lisa als Erzieherin genießen darf. Louisa ist die Tochter von Schorschis Cousine Heike. Sie hat vier Geschwister und kann ebenfalls gut mit meinen Kindern umgehen. Und da sie aus einer großen Familie stammt, war sie es gewohnt, im Haushalt zu helfen, wusste, was zu tun war, und unterstützte mich wirklich großartig. Auch sie blieb eine Woche, und ich genoss die insgesamt zwei Wochen mit den Mädchen sehr.

Auch von den Nachbarn auf der Alm erhielt ich Unterstützung. Marli und Hubert, beide damals schon gut über siebzig, aber rüstig, verbrachten seit Jahren den gesamten Sommer auf der Alm. Marli ist eine Seele von Mensch, und als sie mitbekam, dass mir die Schwangerschaft zu schaffen machte, lud sie uns oft zum Mittagessen ein. Sie hatte selbst fünf – oder waren es sechs? – Kinder großgezogen und konnte, glaube ich, gut mit mir mitfühlen. Sie verwöhnte mich, und ich bin sehr dankbar für alles, was sie für uns tat. Trotz ihres Alters hatten die beiden übrigens die saubersten Kühe im Stall stehen, denn sobald Hubert, ein kleiner, drahtiger und temperamentvoller Mann, ein verdächtiges Geräusch vernahm, sprang er auf und rannte in den Stall, um das Malheur zu bereinigen. Bewundernswert, aber mir fehlte dazu der Ehrgeiz. Ein anderer Nachbar, der eingefleischte Junggeselle Adi, kam abends ab und an zu uns, dann setzten wir uns auf die Hausbank, und Adi unterhielt uns mit Anekdoten über Land und Leute. Er brachte mich mit seinen Geschichten zum Lachen, was ich in jenem Almsommer leider viel zu selten tat.

Anfang Juli kam mein Jungvieh für sechs Wochen auf die Hochlegeralm. Unter normalen Umständen hätte ich die Tiere sicher vermisst, doch die Umstände waren nicht normal und ich froh über die Entlastung. Die Arbeit ging mir trotzdem nicht aus, denn da waren ja noch drei Kinder, sechs Milchkühe und das Käsen, aber wenigstens hatte ich nun öfter mal Zeit zu verschnaufen.

Vielleicht hätte ich diesen Almsommer trotz allem genießen können, wenn ich abends, sobald die Arbeit getan und Ruhe eingekehrt war, von meinem Lieblingsplatz, der Hausbank, aus meinen Blick hätte schweifen lassen können. Doch die Alm lag in einer Senke. Am Anfang empfand ich das nicht als schlimm, aber je länger ich dort war, desto eingeengter fühlte ich mich, und der fehlende Ausblick drückte mir schwer aufs Gemüt.

Mit jedem Tag hatte ich mehr das Gefühl: Ich muss aus diesem Kessel raus, sonst kriege ich keine Luft mehr. Und sicherlich wäre es mir auch besser gegangen, wenn das Wetter mitgespielt hätte und der Sommer nicht so verregnet gewesen wäre. Erst gegen Ende zog zusammen mit meiner Großcousine Karolina die Sonne ein, zum einen im tatsächlichen und zum anderen im übertragenen Sinn, denn Karolinas Anwesenheit hob meine Stimmung ganz erheblich. Wir zwei *sehen* uns nicht nur ähnlich, wir *sind* uns auch ziemlich ähnlich. Wir arbeiteten harmonisch Hand in Hand, ohne uns groß abstimmen zu müssen, und ich genoss unsere abendlichen Gespräche über alles.

Das neue Sommergefühl war herrlich. Endlich draußen frühstücken, täglich zum Baden an die Brandenberger Ache fahren. Zu Beginn ist die Ache ein eher ruhiger, flacher Bach, der sich auf seinem Weg durch mehrere Felsschluchten in einen reißenden Gebirgsfluss verwandelt, dabei aber zwischendurch in größeren Becken immer wieder beruhigt. Wir hatten einen solch ruhigeren Abschnitt ausgekundschaftet, der sogar tief genug war, dass man darin schwimmen konnte. Wie es sich für einen Gebirgsbach gehört, ist die Ache a...kalt. Aber die Hitze trieb Karolina und mich in das eiskalte Nass, und Kinder sind, was das angeht, sowieso schmerzlos; sie planschten und badeten ausgelassen. Wenn sie davon genug hatten, bauten sie Dämme, errichteten Burgen, schufen kleine Seenlandschaften oder warfen einfach nur Steine ins Wasser. Sie hatten die größte Freude und liebten unsere Badetage. Oft verbrachten wir den gesamten Nachmittag am Wasser. Schön war auch, dass wir unser Paradies fast immer für uns allein hatten. Nur selten trafen wir andere Badegäste an.

Besser ein Ende mit Schrecken ...

Dank der vielen Unterstützung, die ich erhielt, meisterte ich die Arbeit in jenem Sommer ganz gut. Doch gegen Ende hatte ich schlicht keine Kraft mehr: Drei kleine Kinder und einen Stall voller Kühe versorgen – das Jungvieh war ja nach seinen sechs Wochen auf dem Hochleger wieder zu mir auf den Niederleger gekommen –, mich um Hühner und zwei Schweine kümmern, Käse machen und bei alledem ständig gegen die Übelkeit und die Müdigkeit ankämpfen, die einfach nicht nachlassen wollten, das war irgendwann selbst mir zu viel. Außerdem sollte ich nicht schwer heben, was an den Tagen, an denen ich allein war, gar nicht möglich war, denn wie sonst sollte, um nur ein Beispiel zu nennen, die Milch aus den Kannen in den Milchtank und dieser zur Sammelstelle kommen? Daher sagte ich meinem Bauern, dass ich zwei Wochen früher als vereinbart nach Hause fahren wolle. Das fiel mir unglaublich schwer und war ganz gegen meine Art, denn ich lege großen Wert auf Zuverlässigkeit, aber meine Gesundheit und mein Baby waren mir in dem Fall wichtiger. Markus zeigte zum Glück Verständnis. Und damit seine Kühe trotz meiner vorzeitigen Abreise die restliche Almzeit genießen konnten, ließ er sie auf der Alm und fuhr selbst zum Melken hinauf. Den Stall ließ er offen, sodass die Tiere sich unterstellen konnten, wann immer sie wollten.

Es war das erste Mal, dass ich froh war, als meine Almzeit endete. Vor allem wegen der Lage der Alm, aber auch weil es mir so fürchterlich schlecht gegangen war, war mir klar, dass ich nicht dorthin zurückkehren wollte. Eigentlich war das schade, weil die Alm andererseits viele positive Seiten hatte: die gute Zusammenarbeit mit dem Bauern, das tolle Milchkammerl und die Möglichkeit, die Milch selbst zu verarbeiten, das für die Kinder ungefährliche Gelände ... Aber manchmal muss man auf sein Herz hören und nicht auf den Verstand.

Zu Hause erwartete mich unheimlich viel Arbeit. Es mussten nicht nur, wie nach jedem Almsommer, Berge von Wäsche und ein Großeinkauf an Lebensmitteln, Drogerieartikeln und anderen Notwendigkeiten bewältigt werden, es galt außerdem das gesamte Hab und Gut unserer fünfköpfigen Familie für den Umzug zu packen. Die viele Arbeit, das Chaos in der Wohnung, vor allem aber die Vorfreude auf unser viertes Kind und den Einzug in unser Traumhaus verhinderten, dass ich wie sonst nach der Almzeit in ein seelisches Tief fiel. Im Gegenteil, ich war voller Ideen und Tatendrang. Ärgerlich nur, dass mich die Schwangerschaft in vielem bremste.

Auf ein Neues!

Ab dem Spätherbst machte sich dann, zunächst noch verhalten, doch wieder das »Alpweh« bemerkbar, und im November ging ich immer öfter auf die Website Almwirtschaft.com, um zu sehen, welche Almstellen zu vergeben waren. Da Magdalena im nächsten Jahr in die Schule kommen würde, war der Zeitrahmen begrenzt, und ich rechnete eigentlich nicht damit, etwas Passendes zu finden. Dann las ich eines Tages, dass jemand eine Sennerin für die Hochlegerzeit im Brandenberger Gebiet sucht. »Das wäre ja perfekt!«, schoss es mir durch den Kopf. Dabei wusste ich nicht einmal das Wichtigste: War die Alm für fünf bis sechs Personen geeignet? Wie viel Stück Vieh wäre zu betreuen? Ich rief den Bauern an und wurde immer enthusiastischer, je mehr er erzählte: Die Alm lag oberhalb von Breitenbach, mit herrlichem Blick auf das Inntal, es wären zehn Milchkühe und zehn Jungviecher zu betreuen, und die Hütte bot sechs Schlafmöglichkeiten. Wunderbar! Nur, wie sollte ich die Arbeit bewerkstelligen? Ich würde auf alle Fälle eine zweite Hand brauchen, hätte ich doch wieder ein Baby dabei – und insgesamt vier Kinder! Sophie konnte allenfalls für einige Zeit mitkommen, denn sie studierte mittlerweile. Mein Mann konnte nicht schon wieder über Wochen nur je drei Tage arbeiten, und seine Urlaubstage reichten nicht für die gesamte Hochlegerzeit. Nach ein paar Telefonaten und einigen Gesprächen mit meinem Mann war das Problem gelöst: Meine Schwester würde mich die ersten zwei Wochen begleiten, Schorschi die dritte Woche und Großcousine Karolina die letzten drei Wochen.

Nun musste ich »nur« noch die Alm bekommen. Ziemlich aufgeregt fuhr ich nach Breitenbach, um mich bei den Bauersleuten vorzustellen. Danach hieß es zwei Tage warten, da die Bauern noch andere Bewerber begutachten wollten. Und das bei meiner Ungeduld! Doch schon am nächsten Tag rief der Bauer an und sagte, er und seine Frau hätten gern, dass ich die Alm mache. Mein Herz hüpfte vor Freude, und innerlich jubelte ich. Die ganze Welt hätte ich in diesem Moment umarmen können. Jetzt wollte ich nur noch ein gesundes Kind bekommen, dann wäre alles perfekt!

Neuer Almfriede

Am 26. Januar 2012 wurde Tochter Karolina geboren. Als Baby war sie zwar das anstrengendste meiner vier Kinder, doch bald zeigte sich, dass sie ein ausgesprochen zufriedenes und ausgeglichenes Wesen hat. Schon als Kleinkind strahlte sie innere Ruhe aus. Ich sage immer, Karolina trägt den Almfrieden in sich, und sobald ich das österreichische Volkslied *Almfriede* höre, muss ich an meine Jüngste denken, vor allem bei der ersten Strophe:

Wann i auf d Alma geh,
Lass i die Sorg daham.
Alles Load, alles Weh
Is wia a Tram.
Schau i die Bleameln an,
Schwindt glei mei trüaber Sinn,
Trag ja im Herzen
den Almfrieden drin.

Erst im Mai war endlich der Schnee geschmolzen, und ich konnte meine neue Alm besichtigen. Die Lage war wirklich traumhaft. Und erst der Blick: Er reichte über den Wilden Kaiser bis zu den Chiemgauer Alpen, zum Steinernen Meer und zum Hochkönig! Ich hatte das Gefühl, als würde ich die Welt von oben betrachten und »über den Dingen stehen«. Mir ging das Herz auf!

Die Hütte war sehr alt und urig. Zumindest von außen, denn in der Stube gab es neben dem alten Holzofen einen elektrischen

Herd, fließend Wasser und einen Boiler. Das Bad wartete mit einer Dusche, einem großen Waschbecken und einem weiteren Boiler auf. Hier konnte man das Melkgeschirr waschen – und natürlich auch sich selbst. Auf die Toilette musste man allerdings draußen gehen, auf ein Plumpsklo, so wie es sich für eine Alm gehört.

Die Hütte bot für uns alle genügend Platz. Außer der Stube, in der ein schöner großer Tisch mit einer Eckbank stand, gab es eine Schlafkammer mit zwei Stockbetten und einem Kleiderschrank und eine kleine Speisekammer. In einem Anbau befand sich ein Schlafzimmer mit einem breiten Doppelbett und einem großen Kleiderschrank. Die Hütte war, wie schon die im Jahr davor, nicht so spartanisch, wie ich mir schon seit Langem eine wünschte, doch mit einem Säugling und insgesamt nun vier Kindern war es ja nicht ganz unpraktisch, wenn heißes Wasser und Strom zur Verfügung standen. Es muss gründlich geputzt werden, dachte ich mir, und vor allem gelüftet. Aber das ist immer so, wenn man Hütten aus ihrem Winterschlaf holt, und da es bei den Bauersleuten daheim sehr ordentlich war, ging ich davon aus, dass sie die Hütte schon noch herrichten würden. Ich war zufrieden und freute mich auf den bevorstehenden Sommer.

Die letzten Tage daheim war ich ziemlich am Rotieren. Je größer Kinder werden, desto komplizierter wird ja das Packen, weil sie mitreden wollen, was mitgenommen wird und was sie unbedingt brauchen. Da Magdalena im September in die Schule kam, musste im Kindergarten auch noch ihr Abschied gebührend, sprich mit selbst gebackenem Kuchen gefeiert werden. Dazu kam, dass wir in unserem neuen Zuhause eine Ferienwohnung zu vermieten hatten. Sie war im Sommer immer gut gebucht, und ich musste einen genauen Plan erstellen, da meine Schwiegermutter sich in meiner Abwesenheit um alle Belange rund um die Ferienwohnung kümmern würde. Gerade weil sie meine Almliebe nie verstand, bin ich ihr sehr dankbar, dass sie das übernommen hat.

Am 28. Juni, einem Donnerstag, ging es dann endlich los – erst einmal nur für mich und die Kinder. Es war ein heißer Sommertag, der Bus bis unters Dach vollgepackt, dazu drei aufgeregte Kinder und ein Baby an Bord. Entspannt reisen ist was anderes. In Brixlegg kaufte ich noch Lebensmittel ein. Dort hatte ich mich auch mit dem Bauern zur Übergabe des Hütten- und des Schrankenschlüssels verabredet, damit ich nicht bis zu seinem Hof oder er hoch zur Alm fahren musste. Schon etwas abgekämpft, aber voller Vorfreude lenkte ich den Bus schließlich die Bergstraße hinauf. Nach vier Sommern, die ich bereits im Brandenberger Gebiet verbracht hatte, war alles vertraut, die Menschen kannten und grüßten mich. Es war, als würde ich heimkommen. Es ist ein schönes Gefühl, wo anzukommen, wo ich mich wohlfühle und wovon ich ein Teil geworden bin. Das gibt mir Sicherheit und Geborgenheit!

Es war bereits früher Abend, als wir endlich die Almhütte erreichten. Magdalena, Luise und Seppi sprangen sofort aus dem Auto und erkundeten die Umgebung. Ich inspizierte erst einmal die Hütte, stellte fest, dass es noch einiges zu putzen galt, packte aus, machte zwischendurch den Kindern etwas zu essen, stillte Karolinchen, die in ihrem Maxi-Cosi den ganzen Radau verschlafen hatte, und brachte alle vier ins Bett. Puh, was für ein Tag! Kaum saß ich dann, völlig erschöpft, auf der Bank vor der Hütte, um vor dem Zubettgehen noch ein bisschen durchzuschnaufen, zog ein Gewitter auf. Was für eine Begrüßung! Gewaltige Blitze zuckten über den Himmel, grollende Donnerschläge erschütterten die Hütte, und ein heftiger Sturm ließ die Fensterläden wackeln. Es war zum Fürchten. Da die Hütte ziemlich ausgesetzt auf einem Joch steht, ist sie den Naturgewalten voll ausgeliefert. Ich hatte schreckliche Angst, die Hütte könnte einstürzen, und war kurz davor, die Kinder ins Auto zu packen. Zum Glück schaltete ich meinen Kopf wieder ein. »Die Hütte ist so alt und wurde noch nie von einem Blitz getroffen«, sagte ich mir, »dann wird es auch heute nicht geschehen.« Dieser Gedanke konnte die Angst zwar nicht ganz vertreiben, half sie aber einzudämmen. Ich setzte mich zu meinen Kindern, die von dem Radau nichts mitbekamen und selig schliefen, lauschte ihrem ruhigen Atmen und überstand so das erste Gewitter auf der Nachbergalm. Es sollte nicht das letzte gewesen sein …

Am nächsten Morgen, als die Sonne über den Bergen aufging und die Welt in ein leuchtendes Orange tauchte, der Geruch von Sommer in den Bergen in meine Nase zog und ich mich an dem atemberaubenden Panorama nicht sattsehen konnte, wusste ich wieder, warum ich das Almleben so liebe.

Während ich die Hütte putzte und wohnlich einrichtete, pritschelten meine drei älteren Kinder am hütteneigenen Brunnentrog so hemmungslos mit Wasser, dass sie bald völlig durchnässt waren. Nur gut, dass es heiß war. Karolinchen verfolgte aus ihrem Maxi-Cosi heraus aufmerksam das Treiben ihrer Geschwister. So waren alle vier beschäftigt und sehr zufrieden.

Um halb acht Uhr abends trafen »meine« Kühe ein. Auf den anderen Almen waren die Tiere mit dem Hänger gebracht worden, hier kamen sie zu Fuß. Und weil ihnen die Prozedur des Auf- und Abladens erspart blieb, waren sie völlig entspannt. So entspannt, dass sogar das erste Einstallen am nächsten Morgen keine Probleme bereitete. Sieben Bauern haben eine Hütte auf der Nachbergalm, und alle halten ihre Kühe in der Hochlegerzeit hier oben – insgesamt ungefähr hundertfünfzig Stück. Doch erst jetzt, mit der Ankunft »meiner« Kühe, wurde die Alm für mich eine richtige Alm, und sofort stellte sich bei mir ein Gefühl von Ruhe und Gelassenheit ein. Ich ließ meinen Blick über die Bergwelt schweifen, sog tief den einzigartigen Almgeruch ein, betrachtete meine fröhlichen Kinder – und fühlte mich unglaublich glücklich!

Während sich die Kühe bereits genüsslich über die frischen Bergwiesen hermachten, kamen auch die Bauersleute mit ihren zwei Söhnen und dem Großvater an, der den Niederleger übernommen hatte. Sie hatten Brotzeit für alle dabei, und so setzten wir uns bei schönstem Wetter nach draußen, tranken, aßen und ratschten. Was für ein gemütlicher Ausklang eines arbeitsreichen Tages.

Die beiden nächsten Tage richtete ich mir mit Schorschis Hilfe, der übers Wochenende auf die Alm gekommen war, alles so her, wie ich es gewohnt war. Zum Beispiel montierte mein Mann in Windeseile Befestigungen für das gesamte Melkgeschirr vor der Hütte. So konnte es zum Trocknen an der Sonne hängen und ihr UV-Licht eventuell verbliebene Keime und Bakterien abtöten. Und wir hatten dadurch mehr Platz im Bad, wo das Melkgeschirr normalerweise hing.

Am Sonntagmittag kam Sophie, und als sich am Montagmorgen mein Mann verabschiedete, war wieder Schwesternpower angesagt. Wie immer war es meine Aufgabe, in der Früh die Kühe zu holen. Neu war, dass meine Kinder jetzt so groß waren, dass sie mitgehen konnten – und es auch wollten. Einerseits genoss ich das sehr, weil es mir wieder einmal bewies, dass die Kinder meine Liebe zur Alm teilten. Anderseits fehlte mir die Zeit ganz für mich allein, die ich beim Holen der Kühe immer gehabt hatte. Aber alles hat zwei Seiten. Manchmal kamen die Kinder nicht früh genug aus dem Bett, dann hatte ich wieder meine Auszeit. Und manchmal zogen sie sogar schon allein los und brachten die Kühe heim, wobei sich vor allem Luise unheimlich geschickt anstellte. Dann konnte ich noch ein bisschen im Bett bleiben, was mir sehr guttat, denn Karolina forderte auch nachts mehrmals ihre Milch. Von Durchschlafen war daher nicht die Rede, und das schlauchte mich.

Die folgende Woche war sehr schlechtes Wetter, sodass wir notgedrungen viel Zeit in der Hütte verbrachten und es uns nachmittags oft langweilig wurde. Zumindest Sophie und mir. Wir brauchten eine gewisse Zeit, um »runterzufahren« und uns an den gemächlichen Lebensstil zu gewöhnen, der auch mal entspanntes Nichtstun beinhaltete. Die Kinder dagegen verspürten überhaupt keine Langweile. Sie schlossen sofort dicke Freundschaft mit den nächsten Nachbarn Heidi und Sepp. Mit ein Grund war sicherlich, dass die beiden einen Fernseher hatten, und das war für meine Kinder etwas ganz Besonderes, da wir zu Hause nach wie vor keinen Fernsehapparat besaßen. Das ist im Übrigen bis heute so. Wie paradox die Welt doch ist, dachte ich mir, meine Kinder gehen auf der Alm fernsehen. Natürlich war ich nicht entzückt und bat Heidi, es nur eine gewisse Zeit zu erlauben. Im Großen und Ganzen funktionierte das sehr gut. Heidi wurde für meine Kinder zur Ersatzoma – die »Almoma« –, las ihnen oft vor oder erzählte ihnen Geschichten. Wenn die Kinder wieder einmal spurlos verschwunden waren, wusste ich genau, wo ich sie finden konnte. Nicht nur meine Kinder, auch ich mochte Heidi und den nicht minder freundlichen und liebevollen Sepp sehr gern. Oft saßen wir zusammen und ratschten. Es war eine wunderbare Nachbarschaft.

Davon abgesehen war es mit der Nachbarschaft so eine Sache auf der Nachbergalm. Wie ich schnell merkte, war das Verhältnis unter den dortigen Almerern nicht das beste. Das war seltsam und höchst untypisch, und ich verstand zuerst überhaupt nicht, woran das liegen mochte. Bis mir jemand den Zusammenhang erklärte. Die Nachbergalm ist eine Gemeinschaftsalm, das heißt, die Almfläche ist in verschiedene Liegenschaften aufgeteilt, aber das Weidegebiet wird von allen Beteiligten genutzt, wobei jeder Bauer nur eine gewisse Anzahl von Viechern auf die Alm tun darf. Wie es aber so ist, wenn mehrere Menschen sich etwas teilen, wurde argwöhnisch beäugt, ob sich auch keiner einen Vorteil verschaffte. Das hieß hier: dass die Kühe des einen Almerer den anderen nicht das Gras wegfraßen. Daher wurde sehr genau kontrolliert, wer wann seine Kühe abends nach draußen ließ. Und war man etwas früher dran, wurde man sofort darauf angesprochen. Ehrlich gesagt, verstand ich es nicht, denn zwar konnten sich die Kühe theoretisch frei bewegen, in der Praxis jedoch gingen diejenigen, die aus demselben Stall kamen, ziemlich geschlossen immer an denselben Fleck, als hätten die Tiere die Alm untereinander in Territorien aufgeteilt. Meine Kühe zum Beispiel hatten ihren Platz stets auf dem Hügel hinter der Hütte. Nie habe ich dort oben eine Kuh aus einem anderen Stall gesehen. Nach und nach bekam ich so üble Geschichten von den Bauern hier oben zugetragen, dass es mich schließlich nicht mehr wunderte, dass die meisten nicht mehr miteinander redeten. Und ich war gottfroh, dass ich nur eine Außenstehende war. Die »heile Welt« auf der Alm kann auch eine sehr traurige sein.

Die Unwetter-Alm

Eines Abends, die Stallarbeit war erledigt, das Melkgeschirr hing frisch gewaschen vor der Hütte, und ich machte gerade die Kinder bettfertig, kam urplötzlich Wind auf, und dicke Wolken zogen heran. Das sah nach Gewitter aus. Schon wieder! Sophie und ich beeilten uns, Melkgeschirr, Dutzende Spielsachen, das Geschirr vom Abendessen und was sonst noch so alles draußen herumstand oder -lag, in Sicherheit zu bringen. Besorgt warf ich dabei immer wieder einen Blick nach oben, und als sich innerhalb weniger Augenblicke der Himmel gelb verfärbte, schellten bei mir die Alarmglocken, denn gelber Himmel bedeutet

Hagel. Ich raste in die Hütte und suchte etwas, womit ich die Windschutzscheibe unseres VW-Busses schützen konnte, griff mir schließlich unsere rot-pink karierte Decke und lief damit im Sauseschritt hinter die Hütte. Der mittlerweile recht kräftige Wind zerrte und riss sowohl an mir als auch an der Decke, und es kostete mich allergrößte Mühe, die Decke so in den Seitenfenstern einzuklemmen, dass sie die Windschutzscheibe abdeckte. Kaum hatte ich das geschafft, donnerten schon die ersten Hagelkörner vom Himmel, die in Sekundenbruchteilen immer größer wurden. Ich lief um mein Leben und rettete mich mit einem letzten großen Sprung in die Hütte. Die Kühe rannten derweil überraschenderweise nicht in den Stall, sondern galoppierten hangabwärts, um im Wald Schutz zu suchen. Was sich draußen nun abspielte, war furchterregend. Hagelkörner so groß wie Hühnereier schossen herab und trommelten ohrenbetäubend laut auf das Blechdach. Die Kinder, Sophie und ich klebten mit offenen Mündern und starr vor Schreck an den Fensterscheiben. Solch eine Naturgewalt hatte ich selten erlebt. Binnen Sekunden verwandelte sich die Alm in eine Eislandschaft. Und dann, ganz plötzlich, war es vorbei. Vorsichtig öffnete ich die Tür. Alles war ganz still und friedlich. Das Bild, das sich uns bot, war allerdings verheerend. Der Bus selbst hatte den Hagel zwar gut überstanden, dafür wies die Decke jede Menge Einschusslöcher auf. Das war zu verschmerzen, und wir haben die »Hageldecke«, wie wir sie seither nennen, heute noch. Die Hühnertränke, die eben noch vor der Hütte gestanden hatte, war nicht so glimpflich davongekommen; sie war in tausend Teile zersplittert. Das wirklich Fatale aber war, dass der Hagel sämtlichen Wiesenkräutern und -blumen die Blüten abgeschlagen und überhaupt viel Grün verwüstet hatte. In wenigen Sekunden hatte er das wertvolle Futter der Kühe zunichtegemacht, und zwar so gründlich, dass wir schließlich eine Woche früher als geplant die Hochlegeralm verlassen mussten. Doch was will man machen, die Natur regiert uns, nicht umgekehrt, ob wir es wahrhaben wollen oder nicht.

Sophie, ich und die Mausefalle

Ein paar Mäuse gibt es auf einer Almhütte immer, doch 2012 waren es unzählige. Ich mag die kleinen süßen Geschöpfe gern, aber Schorschi fand es nicht lustig, als sie sich durch die Speisekammer fraßen, und stellte bei einem seiner Wochenendbesuche Mausefallen auf. Am Montagmorgen reiste er ab, und Sophie und ich hatten die Fallen völlig vergessen, bis wir spätabends, als alles ruhig war, ein klägliches Fiepen vernahmen. Mit einer schlimmen Vermutung schlichen wir in die Speisekammer. Und tatsächlich bewahrheitete sich unsere Befürchtung. Eine Mausefalle war zugeschnappt, hatte die Maus aber nicht richtig erwischt. Das arme Tier war so schwer verletzt, dass es keine Überlebenschance hatte, und uns war klar, dass wir es von seinem Leid erlösen mussten. Nur wer? Keine von uns wollte es auf sich nehmen, das Tierchen zu töten. Aber da mussten wir irgendwie durch. Blieb noch die Frage, wie? Wir trugen die Falle samt Maus ins Freie und holten eine Schaufel. Den ersten Hieb tat ich, zielte aber nicht genau genug, sodass das Gestänge der Mausefalle den Schlag abfederte. Dann war Sophie dran. Dann wieder ich. Uns ging es furchtbar elend dabei. Wir weinten, weil uns das Tier erbarmte, gleichzeitig mussten wir lachen, weil wir uns so ungeschickt anstellten. Endlich war das arme Mäuslein tot. Jetzt brauchten wir erst einmal ein »Schockschnapserl«. Völlig fertig, setzten wir uns damit vor die Hütte und schwiegen uns lange an. Dann versteckten wir in stillem Einvernehmen alle anderen Mausefallen!

Gipfelübernachtung – ein Abenteuer

An einem wetterbeständigen Wochenende beschlossen Schorschi und ich, mit den Kindern am Gipfel zu übernachten. Die Kinder waren von unserem Plan sofort hellauf begeistert. Wir waren schon einige Male zu dem Gipfel gewandert, was nur etwa zwanzig Minuten dauert, aber dort zu übernachten war für die Kinder ein Abenteuer. Eifrig packten wir alles zusammen, was wir so brauchten. Und das war mit vier Kindern nicht wenig. Für Karolina schleppten wir das Oberteil des Kinderwagens den Berg hinauf, für uns übrigen fünf je eine Isomatte, einen Schlafsack und ein Kissen. Dazu kamen Stirnlampe, Mützen und so weiter.

Nach der Stallarbeit und einer ordentlichen, wenngleich eher hastigen Brotzeit, weil die Kinder vor Aufregung völlig aus dem Häuschen und kaum zu bremsen waren, ging es endlich los. Schorschi marschierte gleich drei Mal den Berg hoch und wieder hinunter, bis alles am Gipfel war. Dort bauten wir in einer großen, fast ebenen Senke unser Nachtlager auf. Langsam ging die Sonne unter. Allmählich wurden die Lichter im Tal immer mehr, und über uns erstrahlten nach und nach die Sterne. Ich stillte Karolina und legte sie dann in ihr Bettchen, indem sie genüsslich schmatzend einschlief. Wir anderen lagen eng zusammengekuschelt. Ich liebe es, unter freiem Himmel zu schlafen und dabei den intensiven Geruch von warmer Erde und duftenden Wiesen wahrzunehmen, eine ganz eigene Mischung, die man schlecht beschreiben kann – oder ganz leicht: »Sommerduft«. Wir hörten das Rauschen der Bäume, das Zirpen der Grillen, das entfernte Bimmeln der Kuhglocken. Oben am Berg, wo kein anderes Licht stört, ist der Sternenhimmel umwerfend. Millionen von funkelnden, kleinen Diamanten, die um die Wette strahlen. Je länger man in den Himmel schaut, desto mehr Sterne werden es, und man hat das Gefühl, in dem endlosen Himmel zu versinken. Und vor lauter Bewunderung der Schönheit fallen einem langsam die Augen zu. Am Morgen erwachten wir mit dem ersten Sonnenstrahl, der hinter dem Wilden Kaiser aufleuchtete. Langsam schob sich die Sonne als riesiger glühender Ball über die Bergspitzen und tauchte sie in ein sanftes Orangerot. Sogleich verbreitete sich wohlige Wärme, während im Tal noch der Nebel hing. Ein atemberaubendes Erlebnis!

Auch dieser Almsommer neigte sich unweigerlich irgendwann dem Ende zu, und, wie schon erwähnt, wegen des Hagelschadens sogar eine Woche früher als geplant.

Auszeit von der Alm

Da Magdalena im Herbst in die Schule kam und ich nicht damit rechnete, sie von der Schule befreien zu können, sagte ich dem Bauern ab, als er fragte, ob ich nächstes Jahr wiederkommen wolle. Es fiel mir nicht einmal schwer, denn ich hatte mir immer gesagt, dass es mit dem Almleben vorbei wäre, sobald die Kinder in die Schule gehen würden. Wer selbst Kinder hat, weiß, dass sich mit dem Schuleintritt unglaublich viel ändert, weil sich alles am Schulrhythmus orientiert. Für mich als freiheitsliebenden Menschen war das höchst gewöhnungsbedürftig, um nicht zu sagen eine gewaltige Umstellung. Bis heute ist es nicht ganz einfach für mich.

Tatsächlich genoss ich den ersten Sommer ohne Alm. Er war unglaublich schön. Während der gesamten Schulferien herrschte stabiles Hochsommerwetter, und uns wurde nicht langweilig. Wir konnten jeden Tag im Freien sein, fast wie auf der Alm. Noch dazu fand zur 1250-Jahr-Feier von Wallgau ein dreitägiges Dorffest mit Stadtrundgängen, Theateraufführungen, Musik, buntem Programm für die Kinder und, und, und statt, das ich mit organisieren durfte, und es machte riesigen Spaß, es vorzubereiten und durchzuführen.

Die Alm im Blut

Im folgenden Sommer regnete es pausenlos, und wenn wir nicht für fünf Tage nach Italien ans Meer geflüchtet wären, hätten wir überhaupt keine Sonne und Wärme abbekommen. Mit vier Kindern auf der Alm wäre dieser Sommer vermutlich ein Albtraum gewesen, und dennoch! Zunächst ganz leise kam das »Alpweh« angeschlichen, bis die Sehnsucht immer größer wurde und ich schließlich wieder nach einer freien Almstelle zu suchen anfing. Doch ich fand nichts, rein gar nichts. Nach Monaten gab ich die Suche auf. Dass ich 2015 doch noch auf eine Alm kam, verdanke ich meinem Mann. Bei einer Ziegenversteigerung Anfang Mai unterhielt er sich mit einem befreundeten Bauern und fragte ihn, ob er nicht eine Almstelle für mich wisse. Ich machte mir keine großen Hoffnungen, doch drei Tage später rief Christoph an und wollte wissen, ob ich Lust hätte, auf die Alm seines Nachbarn zu gehen. Dass Christoph anfragte und nicht sein Nachbar selbst, damit hat es folgende Bewandtnis: Christoph geht selbst als Senn auf seine Hochlegeralm. Da aber der Stall zu klein für alle seine Viecher ist, kam er mit seinem Nachbarn Markus ins Geschäft: Wenn er, Christoph, während der Hochlegerzeit seine Jungrinder auf Markus' Hochlegeralm unterbringen darf, kümmert er sich im Gegenzug darum, einen Senn oder eine Sennerin für Markus' Alm zu finden. Und so kam ich ins Spiel. Einziger Wermutstropfen war, dass ich nur Jungvieh haben sollte. Zwar wäre ich dieses Mal mit den vier Kindern allein und hätte somit genug zu tun, doch ich fand den Gedanken komisch, auf der Alm zu sein und keine eigene Milch zu haben.

Also stellte ich als Bedingung, dass ich eine Milchkuh bekommen würde, und Christoph sagte mir das gern zu. Ich konnte mein Glück kaum fassen. Ich würde wieder auf eine Alm gehen! Ich spürte, wie sich mein ganzer Körper sofort mit Energie auflud, und hatte das Gefühl zu schweben. Am liebsten hätte ich meine Freude hinausgeschrien und die ganze Welt umarmt.

Die Schule befreite Magdalena und Luise, die mittlerweile ebenfalls zur Schule ging, ausnahmsweise, dafür ganz offiziell für zwei Wochen, da zum einen die Kinder, so die Begründung, auf der Alm vieles lernen würden, was ihnen in der Schule nicht vermittelt werden könne, und da zum anderen in den letzten beiden Wochen vor den großen Ferien ohnehin kaum mehr »richtiger« Unterricht stattfände. Die beiden Mädchen bedankten sich auf ihre Weise für die verlängerten Ferien. Im neuen Schuljahr hielt Magdalena ein Referat über die Almzeit, das, so sagte ihre Lehrerin, das schönste Referat gewesen sei, das sie je gehört habe und das sie zu Tränen gerührt habe. Und Luise erhielt für einen Aufsatz, den die Schüler über ihre Ferien schreiben sollten, folgendes Brieflein von ihrer Lehrerin: »Um diese schönen Ferien beneide ich dich. Bewahre die Erinnerung an diesen Sommer ganz lang in deinem Herzen.«

Es geht wieder los

An Christi Himmelfahrt fuhr ich mit den Kindern zur Besichtigung der Alm – dem Feiertag gemäß alle in Tracht. Mein Mann konnte nicht mit, weil er am Skirennen der Bergwacht teilnahm. Auf der Alm lag noch Schnee, es war kühl, und vom Tal her zog Nebel herauf. Kein schöner Empfang, doch trotz des ungemütlichen Wetters fand ich es herrlich dort oben. Wenn der Nebel kurzzeitig seinen Schleier lüpfte, war der Blick atemberaubend.

Die Hütte war klein, aber genau nach meinem Geschmack: Stube, Schlafkammer, Keller, Stall. Das war's. Markus versprach, bis zu Saisonbeginn den kleinen Balkon zu einer breiten Hochterrasse auszubauen und noch zwei Stockbetten in die Schlafkammer zu stellen, sodass wir zu fünft darin schlafen konnten. Der Keller ersetzte einen Kühlschrank und eignete sich zu meiner großen Freude auch dazu, Käse reifen zu lassen.

Auch den Kindern gefiel die Alm, nur Seppi konnte es sich nicht vorstellen, dass wir im Sommer dort wohnen sollten und noch dazu keinen Strom hätten. Als wir ihm aber erklärten, dass wir eine große Terrasse bekämen und gemütliche Stockbetten, der Tisch eine Tischdecke und die Bank viele bunte Kissen, konnte er sich mit dem Gedanken anfreunden.

Die nächsten zwei Monate vergingen wie im Flug. Am 17. Juli 2015 ging es dann los – erst einmal nur für mich, die Kinder blieben über das Wochenende noch zu Hause bei meinem Mann, damit ich in Ruhe alles herrichten und die Hütte einräumen konnte. Ich hatte ganz vergessen, wie entspannt eine Autofahrt sein kann, wenn keine vier Kinder an Bord sind, die sich laut unterhalten, singen oder streiten, fragen, wie lange es noch dauert, oder jede halbe Stunde auf die Toilette müssen. Allmählich fiel der Stress der letzten Tage mit all den Vorbereitungen und dem Packen von mir ab, und ich kam so erholt wie seit Jahren nicht mehr an. Christophs Mama Gertrud lud mich zu Kaffee und Kuchen ein und packte mir zum Schluss auch noch Butter und Käse ein. Christoph ist mit Leib und Seele Senn und verarbeitet auf der Hochlegeralm die gesamte Milch zu Schnittkäse, Graukäse und Butter. Und man schmeckt die gute Milch und Christophs Liebe zum Produkt. Einfach köstlich! Das sind wahre Schätze für mich. Auch meine Kinder freuen sich das ganze Jahr über auf Butter und Käse von der Alm, was wiederum mich als Mutter ungemein freut, weil es mir zeigt, dass meine Kinder gute Nahrungsmittel zu schätzen wissen. An Christophs Mama an dieser Stelle ein herzliches Dankeschön. Sie hat uns immer wieder mal zum Essen eingeladen, uns Butter und Käse von Christoph oder Semmeln auf die Alm gebracht. Bei ihr durfte ich auch unsere Wäsche waschen, wenn Not am Mann war, die sie mir dann sogar gebügelt hat.

Gegen achtzehn Uhr fuhren Markus, Christophs Vater Hugo und ich dann endlich hinauf auf mein Sommerdomizil. Mein voll beladener Bus keuchte die steile Forststraße hinauf, und mit jeder Kurve öffnete sich mein Herz ein bisschen mehr. Oben angekommen, sog ich erst einmal die frische Bergluft ein und lauschte den Kuhglocken. Ich war wieder daheim.

Im nächsten Moment stand ich, noch im Sommerkleid, im Stall bei meinen achtzehn Damen. Schöne Tiere. Auf der linken Seite standen die Rinder vom Christoph, alle mit Hörnern. Jetzt war ich schon das sechste Mal auf der Alm, aber hatte das erste Mal Vieh mit Hörnern. Auf der rechten Seite reihten sich die Tiere vom Markus auf, wohlgenährt wie die von Christoph – und riesig. Die ersten vier Kalbinnen hatten bei mir gleich mal den Ruf »Elefanten« weg. Aber sie waren ruhig und gutmütig. Die mir versprochene Milchkuh sollte erst am nächsten Tag kommen, sodass das Melken heute ausfiel.

Gemeinsam hängten wir gleich die Kühe ab und ließen sie ins Freie. Danach erledigten wir die Stallarbeit, und dann endlich konnte ich die Hütte inspizieren. Die Terrasse war sensationell geworden und wurde bei schönem Wetter unsere zweite Stube. Innen war die Hütte blitzblank geputzt, und es gab alle nur denkbaren Küchenutensilien. Außerdem war eine Wasserleitung mit einem Hahn vom Brunnen bis auf die Terrasse gelegt worden, sodass ich nun fließend Wasser in greifbarer Nähe hatte. Überall spürte man die Fürsorge, und ich fühlte mich willkommen und wertgeschätzt. Ich war höchst zufrieden mit meinem kleinen »Palast«, als der eine Almhütte in »Eine Herde weißer Schafe« besungen wird. Ich hatte das Lied das erste Mal gehört, als es Almnachbarn sangen, und der Text spricht mir Zeile für Zeile aus dem Herzen.

Eine Herde weißer Schafe ist mein Königreich,
Und die kleine Hütte mein Palast,
Und das Edelweiß am Felsen ist mein Diamant,
Ich bin so stolz auf mein geliebtes Land.

Hohe Berge, steile Felsen, Alpenglüh'n,
Schafe weiden, wo die schönsten Blumen blüh'n,
Alpenrosen, Arnika und Edelweiß,
Ja meiner Heimat gilt der höchste Preis.

Eine Herde weißer Schafe ist mein Königreich,
Und die kleine Hütte mein Palast,
Und das Edelweiß am Felsen ist mein Diamant,
Ich bin so stolz auf mein geliebtes Land.

Alpenluft und Alpenfrieden wünsch' ich mir,
Jeden Abend danke ich dem Herrn dafür,
Kommt ein Wand'rer seines Weges, kehrt er ein,
In meiner Hütte wird er willkommen sein.

Eine Herde weißer Schafe ist mein Königreich,
Und die kleine Hütte mein Palast,
Und das Edelweiß am Felsen ist mein Diamant,
Ich bin so stolz auf mein geliebtes Land.

Und das Edelweiß am Felsen ist mein Diamant,
Ich bin so stolz auf mein geliebtes Land.

(Text: *Die fidelen Mölltaler*)

Wir tranken auf der Terrasse noch ein Bier zusammen, schauten ins Tal, und ich war rundum zufrieden. Nachdem die beiden Männer abgefahren waren, lud ich unsere Sachen aus dem Bus und legte sie in der Stube einfach auf einen riesigen Haufen. Das Auspacken und Einräumen konnte bis morgen warten, es war ja keiner da, der sich an der Unordnung stören könnte. Ich bahnte mir einen Weg zur Schlafkammer, überzog mein Bett und schlief wunderbar.

Am nächsten Morgen wurde ich um Viertel vor sechs wach. Ich bin jedes Mal wieder verwundert, dass ich auf der Alm trotz der frühen Stunde keinen Wecker brauche. Ich schürte den Ofen ein, kochte mir einen Tee und gab mich ganz dem Genuss und der Freude hin, wieder auf einer Alm zu sein. Zumindest ein paar Minuten, denn dann kamen meine Damen ganz von allein und im Schweinsgalopp den Berg heruntergerannt. Wunderbar, dachte ich, da sollte das Anhängen, das bei Kühen, die man noch nicht kennt, oft ein Problem ist, ein Leichtes sein. Weit gefehlt. Es war das reinste Chaos. Zum Glück kam Hugo, der das wohl schon geahnt hatte, auf einen Sprung vorbei und brachte Ruhe und Ordnung in den Stall. Als das erledigt war, konnte ich frühstücken. Was war das für ein Luxus! Keine Pausenbrote schmieren, keinen verschütteten Kakao aufwischen, keine Kinder zur Eile antreiben müssen. Herrlich! Ich genoss die Zeit für mich allein, das ist, so sehr ich meine Kinder liebe, für mich etwas sehr Kostbares geworden.

Als Christoph mit Alma, der versprochenen Milchkuh, erschien, bekam ich einen gehörigen Schreck. Alma hatte ein riesiges Euter, das fast bis zum Boden hing. »Die muss ich ja im Liegen melken«, schoss es mir bei ihrem Anblick durch den Kopf. Aber Alma ließ sich brav führen und ging ohne Zicken zu machen mit in den Stall und ließ sich anhängen.

Abends erledigte ich zum ersten Mal allein die Stallarbeit, und obwohl nur eine Kuh zu melken war, fühlte ich mich danach, als wäre ich eine Mehrfachseillängentour geklettert. War halt doch schon eine Weile her, dass ich Mist geschaufelt und die Heugabel geschwungen hatte. Ui, ui, ui, dachte ich mir, und dazu vier Kinder im Schlepp, das kann ja was werden. Ich versuchte die aufkommenden Bedenken im Keim zu ersticken und redete mir laut selbst gut zu: »Ich bin ja nicht aus der Welt, sondern nur im Stall, und Magdalena kann mit ihren neun Jahren gut auf Karolinchen aufpassen. Die Frauen früher haben es ja auch geschafft!«

Am nächsten Tag machte ich mich das erste Mal ans Käsen. Welch ein Glück, dass die Kinder noch nicht da waren, denn es wurde ein schreckliches *Gepritschel.* So recht mochte es nicht funktionieren, aber immerhin erhielt ich eine mittelgroße Käseform als Ausbeute. Danach überzog ich die restlichen Betten, legte auf jedes einen Schlafanzug, schlug Nägel in die Wand, die als Kleiderhaken dienen sollten, verstaute die Mal- und Bastelsachen, richtete ein kleines »Badezimmer« neben dem Wasserhahn auf der Terrasse ein, sprich platzierte einen Zahnputzbecher mit Zahnbürsten und Zahnpasta, eine Seife, einen Waschlappen und ein Handtuch auf dem breiten Geländer. Nun war alles fertig, und ich war sehr gespannt, was die Kinder zu unserer neuen Sommerresidenz sagen würden.

Erneuter Einsatz für die Hageldecke

Da es noch eine Weile dauern würde, bis Schorschi und die Kinder kämen, nutzte ich die Zeit, um mich bei meinen Nachbarn auf der Enteralm vorzustellen. Dorthin wandert man etwa eine halbe Stunde bergab, erst über einen sehr schönen Steig durch einen herrlichen Bergwald und dann über eine schreckliche Forststraße einen grauenhaft steilen Bergrücken hinunter. Es war ein sehr schwüler Tag, und die warme Luft drückte gewaltig. Obwohl es bergab ging, lief mir bald der Schweiß herunter. Als ich aus dem Bergwald heraustrat, entdeckte ich am Horizont dunkle Wolken. Ach, wird schon halten, dachte ich mir, und marschierte weiter. Die Enteralm hat eine schöne Sonnenterrasse und einen Ausschank. Ich bestellte ein Radler, ratschte angeregt mit meinen Nachbarn, einem sympathischen jungen Ehepaar mit drei Kindern, und vergaß darüber die Wolken.

Erst ein Blick nach oben sagte mir, dass es höchste Zeit zum Aufbruch war. Ich schnaufte den Bergrücken hinauf, während die inzwischen schwarzen Wolken rasant heranzogen. Froh, endlich den Steig erreicht zu haben, hetzte ich im Laufschritt durch den Wald. Wind kam auf, und ich spürte die ersten Regentröpfchen. Über mir war es jetzt tiefschwarz, und die ersten Blitze zuckten, aber ich hatte es ja fast schon geschafft. Als sich der Himmel dann urplötzlich gelb färbte, mobilisierte ich meine letzten Kräfte und spurtete los. An der Hütte angekommen, holte ich unsere bewährte Hageldecke aus dem Auto. Kaum hatte ich die Decke festgeklemmt, prasselten schon die ersten Hagelkörner vom Himmel. Schnell flüchtete ich mich unter die Hochterrasse und presste mich dort eng an die Hüttenwand. Die Tür zur Hütte war zwar nur wenige Meter entfernt, doch bis dahin hätte ich weitere schmerzhafte Einschläge abbekommen. Die Hagelkörner waren immerhin so groß, dass mir die hochspritzende Erde bis ins Gesicht flog. Lange dauerte der Spuk nicht, aber lang genug, um eine weiße Decke über die Almfläche zu legen.

Als die letzten Hagelkörner gefallen waren und ich aus meinem Versteck kroch, fing es unvermittelt zu blitzen und zu donnern an. Es war also noch nicht vorüber. Ich raste in die Stube, als wäre der Teufel hinter mir her, zündete die »Wetterkerze« an, eine geweihte Kerze, die laut altem Volksglauben Blitzschlag und andere Unwetterschäden abwenden soll, und schürte den

Ofen ein. In meiner kleinen gemütlichen Hütte fühlte ich mich so sicher und geborgen, dass ich sogar die Tür offen ließ, um das Gewitter bestaunen zu können. Dennoch war ich erleichtert, als das Unwetter langsam weiterzog. Wenig später donnerte es aufs Neue, diesmal weit heftiger. Das durfte doch nicht wahr sein! Ich bin eigentlich kein furchtsamer Mensch, doch Gewitter in den Bergen sind ein besonderes Kaliber. Das Gefühl der Geborgenheit schwand, und hastig schloss ich die Tür. Auch das konnte meine aufkommende Angst nicht beruhigen, und so lief ich in den Stall zu meinen Kühen. Da war ich wenigstens nicht allein. Rund um die Hütte zuckten Blitze, und einer schlug offenbar ganz in der Nähe ein, denn der unmittelbar folgende Donner warf mich fast um. Später sollte ich feststellen, dass der Blitz nur wenige Meter neben der Hütte in einen Baum eingeschlagen hatte.

»Sei nicht albern«, sagte ich mir, »versteckst dich wie ein kleines Kind im Stall!« Um mich abzulenken, fing ich an, das Essen vorzubereiten, denn meine Familie würde bei der Ankunft sicher hungrig sein. Ein Rehragout und Zucchinigemüse hatte ich von zu Hause mitgebracht, brauchte ich nur noch die Semmelknödel zu machen. Allmählich verzog sich das Gewitter, dieses Mal endgültig, und ich traute mich, die Tür wieder zu öffnen. Die Alm war noch weiß überzuckert, die schwarzen Wolken waren davongezogen, der Himmel strahlte in schönstem Blau, die Sonne schien, und direkt vor der Hütte wölbte sich ein Regenbogen. Ich molk Alma, ließ meine Damen dann nach draußen auf die wie frisch gewaschene Weide und erledigte die Stallarbeit.

Semmelknödel

Zutaten für 8–10 Knödel

500 g Knödelbrot (oder 10 altbackene, in dünne Scheiben geschnittene Semmeln)
1/2 l lauwarme Milch
1 große Zwiebel
4–6 Eier (je nach Größe)
Maggikraut und/oder Schnittlauch
Salz
Pfeffer

Das Knödelbrot in einer großen Schüssel mit der Milch übergießen und etwa 10 Minuten ziehen lassen. Dann alle übrigen Zutaten dazugeben und gut durchmischen. Knödel formen und etwa 20 Minuten in siedendem Wasser ziehen lassen.

Semmelknödel passen außer zu Ragout auch hervorragend zu Schweinebraten. Eine Leibspeise meiner Familie sind Semmelknödel mit frischen *Schwammerln,* die nur mit etwas Butter in der Pfanne gebraten und mit einem Schuss Milch aufgegossen werden. Wie sehr genieße ich es, mit meinen Kindern durch den Wald zu streifen und Pilze zu suchen. Nie werde ich vergessen, wie die kleine Magdalena durch den Wald stapfte und rief: »*Reherl,* wo bist du?«

Inzwischen war es sieben Uhr und von meiner Familie noch keine Spur. Ich hatte also noch Zeit, mich zu duschen. Auf Labegg war wieder die Eimerdusche angesagt. Ich liebe diese Art zu duschen: Sich mit Blick ins Tal und dem Läuten von Kuhglocken im Hintergrund einzuseifen und mit warmem Wasser nachzuspülen ist einfach wunderbar. Als dann endlich Schorschi und die Kinder angefahren kamen, herrschte totale Aufregung und Hektik. Die Kinder wollten natürlich erst einmal alles begutachten und erkunden, und mein Mann wollte noch schnell eine »Schlafstange« in den ehemaligen Schweinestall einbauen, der zum Hühnerstall für die mitgereisten Hühner umfunktioniert wurde. Derweil verstaute ich die Sachen, die meine fünf sonst noch mitgebracht hatten, drehte Knödel, wärmte das Ragout und das Gemüse auf, deckte den Tisch … Bis alles erledigt war, hatte es wieder zu regnen angefangen, und so saßen wir schließlich bei Kerzen- und Petroleumschein gemütlich bei unserem Festtagsschmaus in der Hütte, während draußen der Regen plätscherte. Glücklich und zufrieden lag ich später im Bett und lauschte auf das ruhige Atmen meiner Familie. Allein sein ist schön, aber auch im Kreis der Familie zu sein ist schön!

Von null auf hundert

Am nächsten Morgen begrüßte uns ein herrlicher Sonnenaufgang, und mein Mann reiste nur widerwillig ab – die Arbeit rief. So sehr ich das Almleben liebe, so wenig schätzt Schorschi es. Es war für ihn nicht vorstellbar, einen ganzen Sommer ausschließlich auf der Alm zu verbringen, doch ein paar Tage wäre er jetzt gern noch geblieben. So einfach, wie es hier klingt, war das Thema Alm zwischen uns beiden natürlich nicht. Es gab deswegen oft genug heftige Diskussionen und etliche Streitereien.

Die Kinder probierten alles aus, was irgendwie möglich war. Alle Spielsachen wurden hervorgeholt, alle Nachbarn besucht, jeder Winkel ausgekundschaftet. Es war, als müssten sie ihr neues Territorium in Beschlag nehmen. Ich redete mir den Mund fusselig, was sie dürfen, was nicht, wo was wieder hingestellt werden muss, wer für was verantwortlich ist, welche Regeln es gibt … Irgendwie waren sie dieses Mal besonders aufmüpfig und schwer zu bändigen, stritten auch ungewohnt viel. Nach ein paar Stunden war ich mit meinen Nerven so ziemlich am Ende und zweifelte, ob es richtig gewesen war, allein mit vier Kindern auf eine Alm zu gehen. Als dann aber alle vier in ihren Blaumann schlüpften und halfen, den Stall auszumisten, war das vergessen, und ich schmolz dahin vor Glück. Einen letzten Streit gab es am ersten Abend noch darüber, wer in welchem Bett schläft, doch bald waren sie im gemütlichsten Lager der Welt eingeschlummert. Wahrscheinlich genauso aufgeregt von den neuen Eindrücken und der Schönheit dieser Welt wie erschöpft vom Herumtollen.

Fix und fertig, im Endeffekt aber sehr glücklich mit allem setzte ich mich auf meine Hausbank. Es war doch die richtige Entscheidung gewesen, wieder auf eine Alm zu gehen! So sehr ich in den früheren Almsommern das gemütliche Beisammensitzen mit Sophie, Schorschi oder Karolina am Abend und die Gespräche genossen habe, so sehr genoss ich nun die Abende für mich allein. Wenn ich nicht las oder mein Tagebuch schrieb, saß ich einfach nur da und schaute ins Tal, zufrieden mit mir und der Arbeit, die ich während des Tages geleistet hatte. In der Stille dort oben, die nur vom gelegentlichen Gebimmel einer Kuhglocke und an kühleren Abenden vom Knistern des heimeligen Feuers in der Hütte eher untermalt denn gestört wurde, überkam mich eine unglaubliche Ruhe, und ich war völlig entspannt. Zu Hause erlebe ich solche Momente nie, da ergreift mich sofort Unruhe, und ich bekomme ein schlechtes

Gewissen, wenn ich »faul« herumsitze. Was natürlich Blödsinn ist, denn ein Haushalt mit vier Kindern lässt Faulheit gar nicht zu.

Mittlerweile sind meine »Solo-Almabende« Geschichte, denn die Kinder werden immer älter und lassen sich nicht mehr um sieben, spätestens acht Uhr ins Bett stecken. Als Julia vermisse ich die Abende für mich allein, als Mutter hingegen finde ich es schön, zu erleben, wie fern von Schul- und Alltagsstress die abendlichen Gespräche mit meinen Kindern, vor allem mit der Ältesten, Magdalena, nun immer tiefgründiger werden. Es hat halt alles seine Zeit.

Zusammenhalt und Rosenkranzbeten

Auf der Labeggalm standen damals insgesamt sieben Hütten. Auf der höchsten Hütte wohnte Emma, eine Witwe von damals sechsundsechzig Jahren und seit vierzehn Jahren Sennerin auf der Labeggalm. Zu ihr ist eine richtige Freundschaft entstanden, und wir treffen uns auch oft außerhalb der Almzeit. Unterhalb von Emma residierte Lois, ein hilfsbereiter, sehr liebenswerter Mann in ähnlichem Alter wie Emma. Dann gab es noch das Altbauernehepaar Emma und Stanis. Lustig, wie sich der Kreis immer wieder schließt: Emma und Stanis sind die Eltern meiner ersten Bäuerin. Im ersten oder zweiten Almsommer auf der Krumbachalm fuhr Lisbeth mal mit uns zu ihren Eltern. Wer hätte damals gedacht, dass ich selbst einmal auf der Labeggalm landen würde. Stanis stammt ursprünglich aus Südtirol, und seinen Geschichten konnte ich stundenlang staunend zuhören. Die beiden gingen auf die neunzig zu und waren noch unglaublich rüstig, bekamen aber beim Melken Hilfe von ihren Kindern oder Enkelkindern.

Oberhalb von meiner Hütte, nur etwa fünfzig Meter entfernt, lebten Resi und Toni. Die beiden hatten im Rentenalter beschlossen, auf die Alm zu gehen, und verbrachten 2015 den ersten Sommer auf der Alm. Sie waren wunderbare, hilfsbereite Nachbarn, die ich sehr schätzte. Ich schaute öfter mal auf einen Kaffee oder ein Glas Wein bei ihnen vorbei, und wir halfen uns gegenseitig, wenn Not am Mann war, so zum Beispiel 2019. Da hatten Resi und Toni so viele Kälbchen, dass sie froh waren, wenn ich sie beim Melken der Mütter und Füttern der Kleinen unterstützte. Auch zu ihnen besteht außerhalb der Almzeit Kontakt, und sie besuchten uns schon oft zu Hause.

Dann gab es noch zwei unbewohnte Hütten. Die Weidefläche der einen ist verpachtet, und die Hütte selbst dient als Brennholzlager – leider, da es eine sehr gemütliche und schöne Hütte ist. Und dann die älteste Hütte auf der Alm. Sie musste wegen irgendwelcher Bestimmungen 2016 abgerissen werden, was ich jammerschade finde, weil es solche Zeitzeugnisse nur noch selten gibt.

Der Zusammenhalt der Almerer auf der Labeggalm war außergewöhnlich. Wir trafen uns regelmäßig, so zum Beispiel jeden Sonntagabend zum Rosenkranzbeten. Immer in einer anderen Hütte, sodass reihum jeder einmal Gastgeber war. Auch die Almerer von der Eilalm, Hubert, Lois und Peter mit seiner Frau Emma sowie das Sennerehepaar Mali und Toni von der Kreuzeinalm gehörten zu dieser Runde. Obwohl ich es mit der Kirche nicht so habe, liebte ich dieses Ritual. Es hatte etwas Meditatives. Als wunderschön habe ich in Erinnerung, als wir alle zusammen bei Kerzenlicht beteten und sich draußen Gewitterwolken türmten. Das Abendlicht färbte sich langsam von Hochrot zu Tiefblau, die ersten Blitze zuckten über dem Wilden Kaiser, und wir saßen in der warmen Stube und murmelten die sich immer wiederholende Abfolge der *Gsatzl*. Dieser Gegensatz von Ruhe, Gelassenheit und Geborgenheit in der Hütte und dem langsamen Aufziehen des Unwetters draußen war faszinierend.

Zu Peter und Emma und auch zu Lois kamen oft Hirtenbuben zum Rosenkranzbeten, und während wir Erwachsenen nach dem Beten in geselliger Runde zusammensaßen, wobei es immer recht lustig zuging, tobten die Hirtenbuben und meine Kinder draußen herum und hatten ebenfalls ihren Spaß.

Manchmal traf sich die Runde auch völlig ungezwungen zum Kaffeetrinken oder auf ein Glas Wein am Abend. Wer kam, war willkommen, und wer nicht kam, der kam halt nicht, niemand war deswegen beleidigt oder verärgert. Obwohl ich, von den Kindern abgesehen, mit Abstand die Jüngste war, fühlte ich mich im Kreis dieser Almerer unglaublich wohl und gut aufgehoben und habe sie fest in mein Herz geschlossen. Ich habe schon immer gern den Geschichten gelauscht, die ältere Menschen zu erzählen haben. Während das »Gerede der Alten« andere junge Leute langweilt, finde ich, dass man von ihnen viel lernen und von ihrer Lebenserfahrung profitieren kann. So war es auch bei den Sennen und Sennerinnen, die mir wertvolles Wissen und zahlreiche Kniffe verrieten.

Zu meinem großen Bedauern wurden diese Treffen in den folgenden Jahren nach und nach seltener. Viele der alten Almerer gehen nicht mehr auf den Hochleger, und einige sind inzwischen verstorben, so zum Beispiel Emma, Stanis' Frau. Sie starb 2019, und der Tod dieser lieben Frau traf mich schwer. Unter den Nachfolgern zerbröckelte der einstige Zusammenhalt, und 2019 gab es schließlich auch kein Rosenkranzbeten mehr.

Fünf herrliche Jahre auf Labegg

Es gab so vieles, was für die Labeggalm sprach – allem voran die wunderbaren Bauersleute, die Lage, der Zusammenhalt der Almerer und die einfache Hütte –, dass sie für insgesamt fünf

Jahre meine »Sommerresidenz« wurde. Besonders schön fand ich auch den friedlichen Ausklang des Almsommers. Kein Geschubse, kein Geschrei, keine Hektik, wenn die Kühe für den Weg vom Hochleger zum Niederleger verladen werden. Vom Niederleger zum Hof macht Christoph sogar einen Almabtrieb nach altem Brauch, für den er in liebevoller Handarbeit prächtigen Kopfschmuck für seine Kühe bindet und bei dem seine Tiere gemächlich vom Niederleger zu ihrem Heimatstall wandern dürfen. Für Christoph ist das eine Herzensangelegenheit, er macht es für sich und seine Tiere, nicht für Schaulustige. Wenn ich da an Orte wie Krün denke: Da werden die Kühe ins Tal gekarrt und erst dort herausgeputzt und einmal quer durchs Dorf getrieben, wo die scharenweise eigens für dieses »Event« angereisten Touristen die Straßen säumen. Was für ein kurioses – und trauriges – Schauspiel.

War das Wetter mal nicht schön, was 2015 höchst selten der Fall war, sondern tröpfelte der Regen auf das Dach und wehte ein kalter Wind durch die Ritzen, wusste ich, dass ich mich getrost noch einmal in meinem Bett umdrehen konnte. Die Kühe genossen das kühle Wetter und wollten nicht nach Hause kommen. Da wir keinen Milchwagen zur rechten Zeit erreichen mussten, herrschte keine Eile. Das Wetter beziehungsweise die Tiere gaben den Rhythmus vor. Aber das macht vielleicht genau die Freiheit aus, die auch die Kinder auf der Alm so schätzen. Wenn die Kühe überhaupt nicht von selbst kommen wollten, zog ich mich regenfest an und marschierte den Berg hinauf, um nachzusehen, ob alle da waren und ob es ihnen gut ging. Markus und Christoph hatten gesagt, dass die Kühe bei schlechtem Wetter nicht eingestallt werden mussten, aber zumindest Alma musste nach Hause kommen, damit ich sie melken konnte. Da sie nicht einsah, dass die anderen auf der Weide bleiben durften und nur sie allein in den Stall musste, und sie entsprechend störrisch war, versuchte ich immer, einen Schwung Tiere mitzunehmen. Bei schlechtem Wetter war aber nicht nur Alma misslaunig, sondern oft auch meine Kinder, denn zum einen wollten auch sie lieber draußen als drinnen sein, und zum anderen wurde es in unserer kleinen Hütte halt doch recht eng. Da brauchte es Kreativität, um alle bei Laune zu halten, und Toleranz, um das Chaos auszuhalten.

Bei schönem Wetter kamen die Kühe in aller Früh von ganz allein. Den Schwanz nach oben, galoppierten sie eine nach der anderen herbei. Um diese Zeit schliefen die Kinder oft noch, und ich erledigte in aller Ruhe die Stallarbeit. Wenn sie schon wach waren, halfen sie manchmal im Stall oder richteten das Frühstück her. Was freute ich mich immer, wenn ich mich nach der Stallarbeit an einen fertig gedeckten Tisch setzen durfte. Dann saßen wir vor der Hütte, unter dem selbst genähten Sonnensegel und frühstückten zusammen. Lange hielten wir es dort aber meist nicht aus. Es war der wärmste Almsommer, an den ich mich erinnern kann, und obwohl wir auf fast siebzehnhundert Metern Höhe waren, war es uns an manchen Tagen zu heiß. Die Terrasse ist nach Süden ausgerichtet und liegt von morgens bis zum frühen Nachmittag in der prallen Sonne. Trotz Sonnensegel wurde es oft unerträglich, sodass wir an die Brandenberger Ache zum Baden fuhren. Der Gebirgsfluss war wie immer eiskalt und daher in diesem Sommer genau das Richtige.

Da die Hütte ein Blechdach hatte, stand die Hitze in den Räumen. Auch nachts kühlten sie nicht mehr ab. Nach einigen mehr oder weniger schlaflosen Nächten, in denen wir uns verschwitzt in den schmalen Betten gewälzt hatten, hatten wir den Einfall, unser Nachtlager ins Freie zu verlegen. Wir legten unsere Isomatten als Schutz vor Schmutz auf die Terrasse, schleppten die Matratzen nach draußen und richteten uns mit Schlafsäcken und Kissen ein gemütliches Biwak ein. Beim Einschlafen schauten wir in den klaren Himmel über uns. Jetzt, im August, war Sternschnuppenzeit, und da es in den Bergen kaum

Lichtverschmutzung gibt, sahen wir ein wahres Feuerwerk an Meteoren. Für die Kinder und auch für uns Erwachsene – Großcousine Karolina war zu dieser Zeit auf Besuch – war es ein unvergessliches Erlebnis. Morgens wurden wir dann von einem atemberaubenden Sonnenaufgang geweckt. Einfach fabelhaft!

Unser Leben spielte sich fast ausnahmslos im Freien ab und hatte eine gewisse Leichtigkeit und Fröhlichkeit. Unsere Laune war genauso sonnig wie das Wetter. Ich verstehe, dass die Südländer viel lebenslustiger sind. Von mir aus könnte jeder Sommer so schön und heiß sein. Ich musste nicht lange darauf warten. Schon 2017 hatten wir den nächsten Rekordsommer auf der Alm.

Wie jedes Jahr kam uns meine Großcousine Karolina auf der Alm besuchen. Und da wir beide gern gut essen, setzen wir dann regelmäßig zu einem kulinarischen Höhenflug an. Solange der Vorrat an frischem Obst reicht, den Karolina mitbringt, gibt es morgens ein gesundes Früchtemüsli, mittags zum Beispiel gefüllte Zucchini oder überbackenen Ziegenkäse mit Speck und frischem Thymian, den Magdalena erst kurz davor pflückt. Das sind wahre Gaumenfreuden. Eine Steigerung gab es, wenn auch noch meine Schwester Sophie zu Besuch kam. Was haben meine Kinder für Augen gemacht, als Sophie ihnen zum Frühstück Pancakes mit frischen Früchten servierte!

Vom Sommer 2015 wird mir für immer unsere knusprige »Sundowner-Pizza« in Erinnerung bleiben. Wir buken die Pizza auf dem Holzofen in der Hütte und wanderten dann mit der noch heißen Köstlichkeit, kühlen Getränken für die Kinder und einer Flasche Rotwein für uns Erwachsene zum nahen Gipfel und ließen es uns dort oben mit Blick auf den Sonnenuntergang schmecken. Was für ein herrliches Abendessen in traumhaftem Ambiente, da kann mir jedes Restaurant gestohlen bleiben! Auch unser »Almgrill« sorgte immer für höchsten Genuss. Hierzu schürten wir den Holzofen ein, entfernten die Ofenringe und

0933

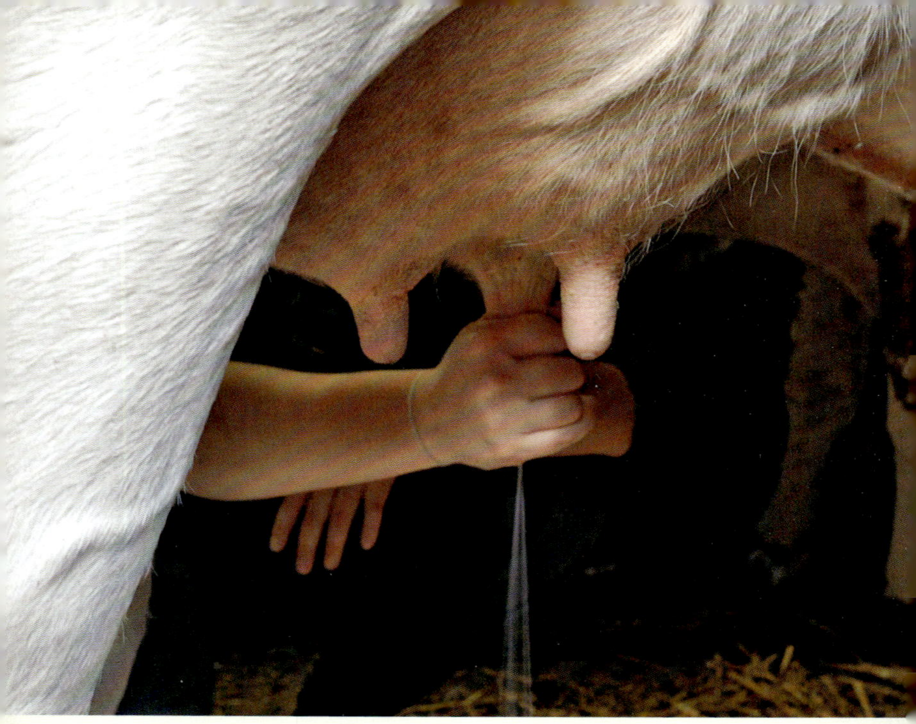

SUZUKI

771

8221
8221

0040
0040

legten einen Rost über die Öffnung – fertig war der Almgrill, den wir mit dem köstlichen Fleisch bestückten, das wir von Christophs Mama bekamen.

So herrliches Wetter wir im Sommer 2015 hatten, so regnerisch und ungemütlich war es im Jahr darauf. Die erste Almwoche verbrachte ich allein und hatte mich auf ausgiebige Wanderungen gefreut. Doch es schüttete so sehr, dass ich nicht einmal mit fester Regenkleidung vor die Tür gehen mochte. Trotzdem genoss ich die Woche sehr. Absolute Ruhe und nur ich und meine Tiere. Mal wieder Zeit für mich zu haben, meinen Tag frei einteilen zu können. Wann ich esse, wann ich mich hinlege, wann ich lese – kein Mensch gibt mir etwas vor. Es war herrlich, Wellness für meine Seele. Und nach dieser Auszeit freute ich mich unbändig, als meine Kinder kamen.

Zum Glück hatten wir wenigstens ein paar schöne Tage, denn 2016 feierte ich Premiere! Es war der erste Almsommer – und das erste Mal seit zehn (!) Jahren –, dass ich Bergwanderungen machte, ohne ein Kind in der Kraxe zu tragen, denn mittlerweile war auch Karolina groß genug, dass sie auf ihren eigenen Beinchen lief. Ein ganz neues Gefühl, der Beginn eines neuen Lebensabschnitts. Ich liebe es, die Bergwelt zu erwandern. Die Kleinigkeiten am Wegesrand zu entdecken, die Gerüche wahrzunehmen, die schönen Ausblicke, die Tiere zu beobachten. Und ich liebe das gute Gefühl, am Gipfel zu stehen. Dann fühle ich mich wie eine Königin, zum einen, weil ich mein Ziel erreicht habe, und zum anderen, weil die Sorgen, die mich vielleicht drücken, ganz klein erscheinen, wenn ich von ganz oben am Berg ins Tal schaue. Befreit kann ich den Blick schweifen lassen und stehe im ursprünglichen wie im übertragenen Sinn über den Dingen – wenigstens für eine gewisse Zeit.

Das Gebiet um die Labeggalm ist landschaftlich wunderschön, daher habe ich so oft wie möglich die Gelegenheit genutzt, um mit meinen Kindern die Gegend zu erkunden. Eines unserer beliebtesten Ziele war der Zireiner See auf achtzehnhundert Metern Höhe, das »Juwel des Rofan« und der meistfotografierte Bergsee von ganz Tirol. Der idyllische Bergsee liegt in einem Kessel, malerisch umrahmt von den gewaltigen Gipfeln des Rofangebirges, und unter der Woche hatten wir ihn meistens für uns allein. Manchmal schwammen wir sogar ein paar Züge in dem eiskalten Wasser. Trotz des eineinhalbstündigen Anmarsches waren die Kinder immer begeistert, wenn eine Wanderung dorthin anstand. 2019 marschierten meine drei Mädels dann sogar schon allein zum Zireiner See. Meinen Kindern die Schönheit dieser Welt und die Natur in all ihren Facetten zu zeigen ist für mich eines meiner Lebensziele, und wenn ich sehe, dass auch sie einen Sinn dafür haben, macht mich das unsagbar glücklich.

Wenn wir nach einer längeren Wanderung zurück zu unserer Hütte kamen, wurden die Kinder ein bisschen verwöhnt – das hat sich so eingebürgert. In unserer imaginären »Tapas-Bar« gab es ein Glas Spezi oder Limo und dazu verschiedene Knabbereien, unsere »Tapas«: Chips, Salzstangen, Oliven oder Ähnliches. Und für mich ein Bier! Es war wunderschön, dann vor der Hütte in der Sonne zu sitzen. Eine ungemeine Zufriedenheit machte sich in mir breit.

2019 war dennoch der letzte Sommer auf der Labeggalm. Da es dort nur Jungvieh gab und mir die Kinder von Jahr zu Jahr mehr Arbeit abnehmen, wollte ich wieder auf eine Alm mit Milchkühen. Und wir brauchten eine Almhütte mit etwas mehr Platz, denn je größer die Kinder wurden, desto enger wurde es auf Labegg. Nichtsdestotrotz fiel mir der Abschied unglaublich schwer, denn ich liebte diese Alm.

Besuch, Besuch und noch mehr Besuch

So einsam, wie man sich das Leben einer Sennerin vorstellt und es normalerweise sicher oft ist, war es bei mir bisher selten. Das lag nicht nur daran, dass ich bis auf wenige Tage immer meine Kinder um mich hatte und dazu in den ersten Jahren meine Schwester oder eine andere Hilfskraft, sondern auch an dem vielen Besuch.

Vor allem im ersten Jahr herrschte ein regelrechtes Kommen und Gehen. Dass unsere Eltern uns besuchen würden, davon waren Sophie und ich ausgegangen, dass aber auch Tante, Onkel, Cousine, Großtante, Schwiegereltern, Nichten und Neffen, Freundinnen und Freunde, ehemalige Schulfreunde, Studienkollegen und Nachbarn den weiten Weg auf sich nahmen, um zu sehen, wie es uns dort oben am Berg erging, überraschte uns doch sehr. Sogar der Betreiber eines Gemüsestands vom Burghauser Wochenmarkt und meine Bankberaterin kamen! Dazu die üblichen Besucher auf einer Alm: Hüttennachbarn, Jäger und Förster der Gegend, die abends mal auf ein Bier oder ein Glas Wein vorbeischauten.

Die Eltern und einige andere wussten von Anfang an genau, womit sie uns eine Freude machen konnten, und brachten zum Beispiel frische Semmeln und Brezen oder Obst und Gemüse mit, also Dinge, in deren Genuss man auf einer Alm eher selten kommt und nach denen wir geradezu lechzten. Andere hatten statt frischer Lebensmittel Süßigkeiten im Gepäck, sicher in der guten Absicht, den Kindern eine Freude zu machen, aber halt leider an unseren Bedürfnissen vorbei. In manchen Jahren sammelten sich mit der Zeit Berge von Schleckereien an, die ich in immer neuen Verstecken hortete, damit die Kinder sich mit dem süßen Zeug nicht den Appetit verdarben.

Besuche sind eine schöne Abwechslung und immer willkommen – meistens jedenfalls, denn es gibt solche und solche Gäste … Die größte Freude ist immer, wenn sich meine Eltern ankündigen. Zwar teilt meine Mutter die Begeisterung für das Almleben nicht, aber wir haben trotzdem jedes Mal einen Riesenspaß. Außerdem werde ich dann so richtig verwöhnt, weil meine Mutter viel im Haushalt hilft und kocht – und das Essen von Mama schmeckt halt einfach am besten. Auch andere Gäste sind rührig, helfen, den Stall auszumisten, das Melkgeschirr zu reinigen oder, oder, oder. Obwohl ich die Arbeit auf der Alm liebe, finde ich es schön, zwischendurch mal andere werkeln zu lassen. In den ersten Jahren war auch mein stets gut gelaunter Schulfreund Uli ein treuer Besucher. Das eine oder andere Mal kam er sogar mit dem Fahrrad von München bis auf die Krumbachalm gefahren – das sind gut hundert Kilometer! Seine Besuche waren stets ein Vergnügen. Er unterhielt Sophie, die Kinder und mich mit seiner Musik und schrieb sogar ein Lied eigens für uns – danke, Uli!

So schee is auf der Krumbachalm

Sieben Ewigkeiten hab i gwart
Bis zur nächsten Fahrt auf d' Alm.
Drei Tag furt, des war scho hart.
Jetzt bin i do, bei Kiah und Kalbn.

Die Gschichten hod a jeda g'hört,
Dass d'Madln bei do Arbeit schwitzen.
Nur je's Mal, wenn i umd Ecken biag
Sieg i's nur in der Sunna sitzn.

Die Kiah haben se längst selba g'molka,
Die Kinder haben an Abwasch gmacht.
Um Mittag san Julia und Sophie aufgstand'n:
'S war wohl a harte Nacht.

I bin eana kemma zur rechten Zeit:
Erst hob i die ganze Wiesn g'maht.
Dann vier stea Holz g'macht – mi hods ned g'reid,
Auf jeden Fall war mir nie faad.

Dann hob i was zum Essn kocht –
Hob i mi no ned gnua aufg'riebn?
A halbe Sau mit Kartoffelsalat
Für mi is leida nix übrig bliebn.

Zur Nacht hob i in Stall raus miass'n
Zu achtzehn wuide Kiah
Des haltst ned aus – i hob's probiert –
Trotz siebzehn Hoibe Bier

Am nächsten Morg'n pack i mei Zeig,
Der Abschied fällt mir schwer.
So lang i leb, des sog i eich,
Kumm i da nie mehr wieder her.

Uli Reffle

Während einige wissen, wo sie mit anpacken können, oder fragen, wie und wobei sie helfen können – und es dann auch tun –, erlebte ich auch Kurioses. So rückten einmal weitläufige Bekannte, die total begeistert von der Vorstellung waren, einen Sommer lang eine Alm zu bewirtschaften, gleich mit Isomatten und Schlafsäcken an. Drei Tage wollten die beiden bleiben, und dass in der kleinen Hütte ohnehin Platzmangel herrschte, störte sie nicht. Sie machten sich in der Stube breit und schliefen dort auf dem Boden. Am nächsten Morgen, als ich aufstand, um die Kühe zu holen, gaben sie keinen Mucks von sich, geschweige denn, dass sie ein bisschen zur Seite gerückt wären. Vorsichtig stieg ich über sie hinweg, fand aber nirgends ein freies Plätzchen, wo ich mein erstes Frühstück hätte einnehmen können. Verwundert, denn ich glaube nicht, dass Almschlaf wirklich so tief sein kann, mit leerem Magen und leicht verärgert zog ich los. Bis ich mit den Kühen zurückkam, hatten die Bekannten gefrühstückt und brachen gerade auf, um die Gegend zu erkunden. Als sie abends wiederkamen, boten sie endlich mal an zu helfen. Ich schlug ihnen vor, den Misthaufen umzustechen, denn das war dringend nötig. Es dauerte keine zwei Minuten, da lehnten sie die Mistgabeln an die Hüttenwand und meinten, das sei nichts für sie. Wie bitte? Im Ernst? Ja, was hatten die denn geglaubt, woraus Almarbeit besteht? Aus schönen Wanderungen und den Kühen ein bisschen Heu hinwerfen? Ab diesem Zeitpunkt war ich gar nicht mehr gut auf die beiden zu sprechen und daher alles andere als traurig, als sie »aus gesundheitlichen Gründen« vorzeitig abreisten.

2011 kam – zum Glück nicht unerwartet – die gesamte Horde des Waldkindergartens, in den Magdalena und Luise unterm Jahr gingen, samt den Eltern der Kinder auf die Alm. Ich bereitete für insgesamt nahezu vierzig Leute Kaiserschmarrn zu, und Schorschi und ich zeigten ihnen die gesamten Arbeiten rund um die Alm: Wir demonstrierten zum Beispiel, wie man die Kühe versorgt und wie man Butter und Käse macht. Ganz fasziniert waren sie, als sie mithilfe der Schierlampe sehen konnten, wie das winzige Herz der ungeschlüpften Küken in den Hühnereiern schlug. Für alle war dieser Tag ein großes Erlebnis. Wir freuten uns sehr über das große Interesse und die Begeisterung sowohl der kleinen als auch der großen Gäste, für uns war dieses Spektakel aber auch ganz schön nervenaufreibend. Sobald der Besuch um die Ecke verschwand, sanken wir völlig erschöpft auf die Hausbank.

Das Bayrische Fernsehen zu Gast

Durch meinen Mann, der auch Bergführer ist, wurde 2012 Michael »Michi« Düchs, ein Bergführerkollege und Filmautor (und seit 2018 der verantwortliche Redakteur) der Bergsteigersendung *Bergauf-Bergab* im Bayerischen Fernsehen, auf uns aufmerksam und wollte einen Beitrag über uns bringen. Michi besuchte uns vorab auf der Alm, um sich ein Bild zu machen, und

Anfang August kam er dann mit dem *Bergauf-Bergab*-Team zu Dreharbeiten. Die Männer wurden von einem schweren Gewitter begrüßt, aber die Stimmung danach war beeindruckend: Ein riesiger Regenbogen und die letzten Regentropfen mischten sich mit der Abendsonne und zauberten eine fantastische Kulisse. Es schien, als wäre die Landschaft einmal gut durchgewaschen worden und würde nun in ganz neuem Glanz erstrahlen.

Am nächsten Morgen ging es dann los. Wir sollten wie gewohnt unseren Tagesablauf machen, ohne uns an der Kamera zu stören. Ha, ha, sehr lustig und nicht so einfach. Es wurde beim Melken der Kühe gefilmt, beim Baden der Kinder, beim Füttern von Karolina, beim Wandern, beim Kochen … Der gesamte Tagesablauf wurde filmisch festgehalten. Großes Augenmerk wurde dabei auf die Kinder gelegt, weil es das Besondere war, dass wir mit vier Kindern auf der Alm waren. Im Frühjahr des folgenden Jahres wurde der Beitrag ausgestrahlt. Wir waren überwältigt, weil alles so natürlich wirkte. Eine wunderschöne Erinnerung für uns als Familie. Danke noch einmal an dieser Stelle an das Team von *Bergauf-Bergab* für die tolle Arbeit und die schöne Zeit, die wir mit euch verbringen durften.

Erst zwei, dann drei, dann vier – mit Kindern auf der Alm

Detroit
ICEY BEARS

The authentic
Bleecker St.

Welches Kind hat schon einen Krabbelplatz oder eine Schaukel Auge in Auge mit den Kühen im Stall? Oder einen Badeplatz unter freien Himmel mit Kuhglockengebimmel im Hintergrund? Welches Kind hat die Freiheit, aus dem Bett zu hüpfen, noch im Schlafanzug in die Gummistiefel zu schlüpfen und draußen herumzulaufen? Meine Kinder haben diese Art Freiheit immer genossen und tun es bis heute.

Oft werde ich gefragt, wie ich es schaffe, vier Kinder und die Arbeiten auf der Alm unter einen Hut zu bringen. Eigentlich funktionierte das von Anfang an recht reibungslos. Als die Kinder klein waren, hatte ich immer eine zweite Hand: meine Schwester. Außerdem konnte man sie zum einen gut in den Arbeitsalltag integrieren, zum Beispiel mit in den Stall nehmen, wenn es Zeit war, die Kühe zu melken. Zum anderen beschäftigten sich die Kinder von klein auf viel selbst, und je älter sie wurden, desto mehr.

Bei manch anderen Geschwistern würde das enge Zusammenleben über mehrere Wochen sicher zu häufigem Streit führen, meine Kinder schweißt es hingegen zusammen. Da kommt kein Störfaktor dazwischen. Keine Freundin, die plötzlich wichtiger ist als die eigene Schwester. Sie haben ein sehr gutes Verhältnis zueinander und halten fest zusammen. Nur für meinen Seppi ist es manchmal schwierig. Als einziger »Mann« unter vier »Weibern« hat er es aber auch nicht leicht, und ich denke, dass er oft nicht gerade glücklich darüber ist, nur »doofe« Schwestern zu haben.

Die Alm – ein einziger, riesiger Abenteuerspielplatz

Wir haben – außer im ersten Jahr, wo ich mangels Erfahrung den halben Hausstand samt fast allem Spielzeug mitschleppte – nur wenige Spielsachen dabei, trotzdem wird es den Kindern nie langweilig, weil sie auf der Alm eine unglaubliche Kreativität entwickeln und eigentlich immer etwas zum Spielen finden. Im zweiten Almsommer etwa redete Magdalena, damals drei Jahre alt, immer vom »Pfompf«. Anfangs hatten Sophie und ich keinen blassen Schimmer, was sie damit meinte. Bald kamen wir aber darauf, dass es das Gericht war, das Magdalena in ihrer »Küche«, die sie sich mit ein bisschen Geschirr vor der Hütte eingerichtet hatte, für uns zubereitete. Zusammen mit Luise, die auch schon auf ihren eigenen Beinchen stand und fleißig das Laufen trainierte, spielte sie gern »Kühe holen«. Das hatten die beiden offensichtlich ihrer Mama abgeschaut, denn sie stapften, jede mit einem Stecken bewaffnet, über die Wiese und trieben imaginäre Kühe zum Stall. Ein großer Stein, etwas von der Hütte entfernt, war ihre Burg, an der sie stundenlang spielen konnten. Ebenfalls eine tolle Beschäftigung für die beiden war eine Wanne voll Wasser. Da wurden Puppen gebadet, wurde selbst gebadet oder einfach nur *herumgepritschelt.* Und wo Wasser ist, ist oft auch *Batz*, und der ließ sich wunderbar zu *Batzknödeln* drehen. Langweile hatten die beiden nie. Deshalb hingen sie mir nicht am Rockzipfel, wie auch später ihre jüngeren Geschwister nicht. Zum Glück, denn eine Alm zu bewirtschaften und dabei ständig mehrere Kinder zu bespaßen wäre alles andere als ein Spaß.

Natürlich sind kleine Kinder auch mal quengelig, da machten meine keine Ausnahme. Und das konnte ganz schön nerven, wenn ich gerade mit Melken oder dem Ausmisten des Stalls zugange war. »Cow watching« war da oft die beste Medizin.

Zumindest war das bei Luise und Seppi der Fall. Wenn Luise weinerlich wurde, stellte ich den Kinderwagen so hin, dass sie die Kühe sehen konnte, dann wurde sie schlagartig ruhig. Seppi setzte ich anfangs ebenfalls in den Kinderwagen, während ich die Kühe melkte. Doch ihm behagte es gar nicht, angeschnallt zu sein und still zu sitzen, und er veranstaltete jedes Mal ein solches Theater, dass wir schließlich den Laufstall von zu Hause holten. Das funktionierte besser, nur war ich jetzt unentwegt damit beschäftigt, das Spielzeug wieder aufzusammeln, das er aus dem Laufstall hinausbeförderte. Schließlich hatte ich die Idee, Seppi in eine Babyschaukel zu setzen, die man an Haken in der offenen Stalltür befestigen konnte. Dort saß der kleine Mann liebend gern, weil er – anders als im Kinderwagen oder Laufstall – das Geschehen überblicken und auch mich dauernd sehen konnte. Dennoch hatte die Schaukel bald ausgedient, weil für den *Treibauf* herumzulaufen einfach schöner war, als still zu sitzen. Er hatte immer schon seinen eigenen Kopf.

Für die Kinder war die Nachbergalm wohl eine der schönsten Almen. Das Gelände war ideal, ganz flach, keine steilen Abhänge. Direkt vor der Hütte gab es einen Brunnen und ein Stück entfernt sogar einen zweiten, welch ein Luxus für Kinder, die gern mit Wasser spielen. Wasser hat auf alle meine Kinder eine geradezu magische Anziehungskraft. Leider wurde das *Gepritschel* bald untersagt, weil auf der gesamten Alm Wassernotstand herrschte und alle angehalten waren, das kostbare Nass zu sparen. Dafür konnten meine Kinder ihrer »Wassersucht« drei Jahre später nach Herzenslust frönen. Auf der Labeggalm gab es zwei lange Viehbrunnen, die sich besonders gut als Planschbecken eignen. Nachdem er in einer großen Gemeinschaftsaktion sauber geschrubbt worden war, verbrachten sie Tage an und in diesem Brunnen. Auch eine kleine Mörtelwanne – unsere Almbadewanne – kam zum Einsatz. Praktisch an diesen Plastikwannen ist, dass sich das Wasser darin recht schnell auf eine angenehme Temperatur erwärmt. Erst badeten die Kinder selbst darin, dann badeten sie Puppen oder Playmobilfiguren.

Das Pritschelverbot auf der Nachbergalm war letztlich nicht weiter tragisch, da es genügend Alternativen gab. Direkt neben der Almhütte standen einige Felsen in der Wiese. Kleine Kletterparadiese. Dort baute mein Mann in den zwei Wochen Urlaub, die er auf der Alm verbrachte, eine »Seilbahn« für die Kinder, mit der sie vom obersten erreichbaren Felsen nach unten sausen konnten. Und eine Felswand, die ein Stück von der Hütte entfernt stand, verwandelte er mithilfe von Bohrhaken für Seile in einen perfekten »Almklettergarten« für die Kinder.

Magdalena und Luise beobachtete ich einmal, nachdem sie mich um eine Plastiktüte zum Spielen gebeten hatten, dabei, wie sie Tierarzt spielten. Voller Faszination haben die Kinder immer zugeschaut, wenn der Tierarzt kam, um eine Kuh zu besamen. Mit einem langen Plastikhandschuh, der ihm bis hinauf zur Schulter reicht, fasst der Veterinär tief in den After der Kuh und versucht, möglichst viel Kot aus dem Darm zu holen, damit er die Gebärmutter besser ertasten und den Samen genau platzieren kann. Das Spiel meiner Mädchen bestand darin, dass sie sich die Plastiktüte über die Hand stülpten, sie in einem Kuhfladen »dreckig« machten und die Handgriffe des Tierarztes ziemlich wahrheitsgetreu nachmachten. Bis heute muss ich lachen, wenn ich an das Tierarztspiel denke. Der Gedanke, Tierarzt zu spielen, muss für die beiden ganz natürlich und naheliegend gewesen sein, denn sie halfen, wie damals auch der kleine Seppi schon und später Karolina, gern im Stall. In ihre Stallanzüge gehüllt, schaufelten sie mit Kinderschaufeln voller Eifer den Mist hinaus, halfen beim Einstreuen, trieben abends die Kühe nach draußen oder morgens in den Stall hinein. Vor allem Luise bereitete das Arbeiten im Stall Vergnügen, und es verging kein Tag, an dem sie mir nicht zur Hand ging. Staunend stellten die anderen Almerer fest, dass sie alle unsere Kühe mit Namen kannte und alle am richtigen Platz anband. Unsere Sennerin Luise!

Seppi, damals zweieinhalb Jahre alt, fuhr gern mit seinem Laufrad herum, das er kurzerhand zum Motorrad ernannte, ein Eimer diente ihm als Helm. Zu seinem fünften Geburtstag wünschte sich Seppi sehnlichst ein Kindermotorrad und stieß dabei bei meinem Vater, der selbst ein begeisterter Motorradfahrer ist, auf ein offenes Ohr. Da es daheim kein wirklich geeignetes Gelände gab, musste das Gefährt natürlich im Sommer mit auf die Alm. Unglaublich stolz bretterte der kleine Mann dann über die Almwiesen. Die beiden Hirtenjungen, die bei Nachbarn halfen, hatten schon richtige Mopeds, das hinderte meinen kleinen Seppi aber nicht daran, mit ihnen mit- oder vielmehr ihnen hinterherzufahren. Ich muss zugeben, dass ich ausgesprochen froh war, dass eine Tankladung Benzin nicht ewig reicht und wir dann »Mopedzeiten« aushandelten. Das schonte mein Gehör und meine Nerven ungemein.

Ein beliebtes Spiel in jenem Sommer und über viele weitere war »Urlaub«. Wenn es sonnig und warm war, schleppten die Kinder sämtliche Decken, Handtücher und Kissen, derer sie habhaft wurden, auf die Wiese, die dann offiziell eine »Liegewiese« war, und spannten den Sonnenschirm oder ersatzweise die Regenschirme auf. Sie schlüpften in Bikini beziehungsweise Badehose – oder zogen sich einfach bis auf die Unterwäsche aus –, cremten sich gegenseitig dick mit Sonnenschutz ein, setzten sich Sonnenhüte auf und orderten »Cocktails«. Ich mixte ihnen dann eine Saftschorle, garnierte jedes Glas mit einem Stück Obst und ein paar Blättern Minze und servierte ihnen ihre »Drinks« mit einem Strohhalm. Manchmal bekamen sie dazu »Snacks«, meistens Erdnüsse oder Chips. Stundenlang lagen sie dann da und spielten Urlaub. Das Spiel gibt es bis heute, nur dass sich die Kinder mittlerweile ihre Cocktails selbst zubereiten.

Meine Großcousine Karolina und ich ließen uns von diesem Spiel zu einer Erwachsenenvariante inspirieren. Wir stellten uns vor, dass an der einen Ecke der Hütte eine italienische Bar war, in der es Espresso, Cappuccino und mit Marmelade oder Schokolade gefüllte Cornetti gab. So um elf Uhr vormittags spazierten wir des Öfteren dorthin, tranken gemütlich in der Sonne sitzend unseren Espresso und beobachteten die vielen Leute, die über eine imaginäre Piazza spazierten: attraktive Geschäftsmänner im Anzug, mondäne Frauen, hübsche Mamas, entzückende Bambini, alte Mütterchen, die auf dem Markt ihre Einkäufe erledigten und dabei gestenreich den neuesten Tratsch austauschten … Ich sag ja immer, die Alm schärft die Sinne und regt die Fantasie an.

Im Sommer 2019 spielten die Kinder mal »Almgasthaus«. Sie schrieben eine Speisekarte, kochten für mich und kreierten sogar einen Almcocktail.

Almcocktail

Rezept von Magdalena und Luise

Zutaten

Pfefferminzsirup
Walderdbeeren
weiteres Obst nach Wahl beziehungsweise Verfügbarkeit
Wasser mit oder ohne Kohlensäure
Minzblätter
Zitronenscheiben
Gurkenscheiben

Etwas Pfefferminzsirup, ein paar Walderdbeeren und weiteres, gegebenenfalls in Stücke geschnittenes Obst in ein großes Glas füllen, mit Wasser oder Mineralwasser aufgießen und mit Minzblättern, einer Zitronen- und einer Gurkenscheibe garnieren.

Bei schönem Wetter wurde unser Bus, der sich in der Sonne ordentlich aufheizte, zur Sauna deklariert. Die Kinder setzten sich für ein paar Minuten hinein, kühlten sich anschließend im Brunnen ab und stiegen dann wieder für ein paar Minuten in das fast unerträglich heiße Auto.

In dem Jahr, als Magdalena und Luise die zwei letzten Wochen vor den großen Ferien vom Unterricht befreit wurden, »spielten« wir jeden Vormittag ein bis zwei Stunden Schule. In dieser Zeit holten wir das bisschen Stoff nach, das sie verpassten, und Seppi wollte unbedingt schon schreiben lernen, obwohl er noch gar nicht zur Schule ging. Karolina hat sich während des »Schulspiels« selbst beschäftigt, was sie sehr gut kann, oder sie hat gemalt.

Alle meine Kinder malen viel und gern, weshalb sie auch bei schlechtem Wetter eine Beschäftigung haben. Und damit ihnen die nicht ausgeht, besorge ich für die Almzeit immer jede Menge Stifte, Wasserfarben, große Zeichenblöcke und buntes Papier. Mit Ausnahme von Luise lesen die Kinder auch gern. Magdalena entpuppte sich bald als ausgesprochene Leseratte, sodass ich seither Not habe, genügend Lesestoff vorrätig zu halten. Außerdem fing sie an, Tagebuch zu schreiben. Und zusammen mit Luise spielte sie oft Zeitungsreporter. Dazu zogen die beiden von Nachbar zu Nachbar, interviewten die Almerer und verfassten anschließend Zeitungsartikel.

Im zweiten Sommer auf der Labeggalm, 2016, kamen sie auf die Idee, sich auf dem leer stehenden Heuboden im Stall ein Spielzimmer einzurichten. Und so kletterten die Kinder über eine alte, wackelige Leiter nach oben – nichts für Helikopter-Mamis –, kehrten und putzten und bauten Regale. Ganze drei Tage lang! Es wurde ein wirklich tolles Spielzimmer. Durch den so gewonnenen zusätzlichen Raum konnten sie sich bei Bedarf auch aus dem Weg gehen. Meine vier vertragen sich zwar grundsätzlich sehr gut, aber hin und wieder gibt es natürlich schon

Streit – wäre ja nicht normal, wenn es anders wäre – oder will einer von ihnen einfach mal seine Ruhe haben. Die nächsten Sommer schliefen die Größeren, also Magdalena und Luise, fast immer dort oben. Sie wuchteten ihre Matratzen über die Leiter auf den Heuboden und platzierten sie direkt unterhalb der Ladeluke, sodass sie beim Einschlafen den Sternenhimmel sehen konnten. Ich muss gestehen, dass ich direkt ein bisschen neidisch auf ihr »Himmelbett« bin.

Es fasziniert mich immer wieder, wie viel Fantasie meine Kinder haben und wie vielfältig ihre Interessen sind. Oft ziehen sie hinaus in die Natur, basteln irgendwelche verrückten Sachen oder erschaffen in Wurzeln oder Höhlen Welten für ihre Playmobilfiguren. Seppi baut und schnitzt gern, und Karolina hat vor einiger Zeit ebenfalls mit dem Schnitzen begonnen. Seppi, der nach wie vor schlecht still sitzen kann, machte sich des Öfteren auf, um Nachbarn zu besuchen. Hubert, ein etwa siebzigjähriger Almerer auf der Eialm, hatte es ihm besonders angetan. Um Hubert bei der Arbeit zu helfen oder auch nur, um bei ihm etwas zu trinken und zu essen, marschierte mein Sohn ganz allein die zwanzig Minuten von der Labeggalm den Berg hinunter – wohl wissend, dass er für den Rückweg bergauf fast doppelt so lange brauchen würde. Die Kinder sorgen schon selbst für ihre Freiräume. Ganz aufgeregt und voller Eifer bei der Sache war Seppi, als Hubert 2016 seine Hochlegerhütte niederreißen musste und er ihm dabei helfen durfte.

Apropos helfen. Obwohl meine Kinder so viele Möglichkeiten haben, sich zu beschäftigen, vergeht kein Tag, an dem sie mir nicht bei irgendeiner Almarbeit helfen. Freiwillig, wohlgemerkt. Und mir macht es unheimlich Spaß, gemeinsam mit ihnen zu werkeln. Sogar im Haushalt helfen sie gern mit, ob Frühstück herrichten oder Mittagessen zubereiten, ob abspülen oder aufräumen. Es war mir wichtig, meinen Kindern schon von klein auf zu vermitteln, dass alles schneller und leichter von der Hand geht, wenn alle zusammenhelfen, und ich finde, dass ich das ganz gut hinbekommen habe. An manchen Tagen streiten die Kinder sogar darum, wer abspülen darf!

Was ich besonders schön finde: Manchmal verschwindet eines der Kinder zwischendurch im Stall, mitunter für Stunden, um die Kühe zu streicheln oder zu striegeln. Oder es legt sich einfach bäuchlings auf eine Kuh und lässt die Beine baumeln. Die Tiere genießen solche Aufmerksamkeiten sichtlich.

»Ja, ist das denn nicht gefährlich?«

Natürlich kann man sich alles Mögliche ausmalen, was passieren könnte, wenn Kinder nah an große Tiere, wie es Kühe nun einmal sind, herankommen. Mit der Folge, dass man entweder die Kinder von den Kühen fernhält oder in ständiger Angst lebt, dass ihnen etwas zustößt. Das ist weder für einen selbst noch für die Kinder lustig. Oder man kann, so wie ich es von Anfang gemacht habe, loslassen und Vertrauen in die Kinder setzen. Und das gilt nicht nur für den Umgang mit Kühen. Ich ließ sie schon früh allein Holz schnitzen, über die Alm streifen, in ihrem Almklettergarten herumturnen, mit ihrer Seilbahn fahren und vieles mehr. Darauf zu vertrauen, dass sie solche Dinge meistern, gibt den kleinen Menschen Selbstvertrauen, Selbstbewusstsein, Stärke und einen guten Halt. Als mein Mann einmal kritisch anmerkte, unsere Kinder hätten *zu viel* Selbstvertrauen, empfand ich das eigentlich als dickes Lob, denn Selbstvertrauen ist für mich eines der wertvollsten Dinge, die man Kindern mit auf den Weg geben kann. Was diesen Punkt und generell Erziehung angeht, läuft meiner Meinung nach einiges schief in der heutigen Zeit. Wenn ich sehe, wie Kinder von ihren Helikopter-Mamis und -Papis rund um die Uhr überwacht, behütet und verhätschelt werden, sodass sie gar keine Chance haben, Fehler zu begehen und daraus zu lernen, habe ich schwere Zweifel, dass diese Kinder, die ständig kleingehalten werden, je zu Großem fähig sein werden.

Grundsätzlich birgt das Leben auf der Alm weniger Risiken als das in der Stadt. Straßenverkehr zum Beispiel ist eine Gefahr, die es dort einfach nicht gibt. Auf der Alm gibt es zumeist gerade mal eine einzige Straße, nämlich die, die hinaufführt – und die ist oft nur ein Schotterweg –, und es kommt auch nur selten ein Auto. Eine Gefahrenquelle für die Kinder war im ersten Jahr auf der Krumbachalm die steile Treppe, die zur Hüttentür hinaufführte, vor allem für Luise, die nur krabbeln konnte. Da musste irgendeine Sperre her, und zwar eine, die nicht auch uns Erwachsene ausbremste. Nach einigem Überlegen kam uns die zündende Idee: Wir klemmten eine etwa fünfzig Zentimeter hohe Spanholzplatte in den Türrahmen. Wunderbar. Gefahr gebannt! Luise fand unseren Einfall überhaupt nicht lustig, da sie nicht nur nicht mehr nach draußen krabbeln, sondern auch nicht mehr nach draußen sehen konnte. Also schnitten wir einen Sehschlitz in die Platte. Durch diesen Spalt konnte sie hindurchschauen und sich mit seiner Hilfe auch an der Platte hochziehen und drüberschauen.

Ganz ohne Blessuren liefen die Almsommer allerdings nicht ab. Natürlich holten sich die Kinder beim Umhertollen die eine oder andere Schramme oder schlugen sich mal das Knie auf. Mit ein bisschen Pusten von Mama und einem Pflaster war der Schmerz in der Regel schnell vergessen. Es gab aber auch zwei wirklich schlimme Unfälle. Der erste ereignete sich am 30. August 2011. Heike, die Mama von Louisa, war mit ihren anderen vier Kindern gekommen, um ihre Tochter zu besuchen, die für eine Woche bei mir auf der Alm war, außerdem war mein Vater zu Besuch. Wir Erwachsenen saßen bei schönem Wetter draußen beim Kaffeetrinken, und die Kinder spielten auf der Wiese.

Luise, damals dreieinhalb Jahre alt, fuhr mit Magdalenas Roller, stürzte und knallte mit dem Auge auf den Bremskopf. Sie schrie wie am Spieß, und als ich sie hochzog, sah ich, dass das Auge nach innen gedrückt war! Ein schrecklicher Anblick.

Erstaunlicherweise blieb ich ruhig, hielt Luise im Arm, ließ mir ein feuchtes Tuch bringen, um das Auge, aus dem ein bisschen Blut lief, zu kühlen und zu säubern, und gab ihr Globuli. Papa wollte uns mit dem Auto ins Krankenhaus fahren, doch ich wollte auf keinen Fall mit einem verletzten Kind die sehr kurvige Straße hinunterrasen. Ein Rettungshubschrauber musste kommen! Wir hatten aber keinen Handyempfang. Ich sprang mit Luise im Arm ins Auto, und mein Vater fuhr uns zu den Nachbarn, die ein Telefon hatten. Dort alarmierten wir den Rettungsdienst, und schon zehn Minuten später landete ein Hubschrauber direkt vor der Hütte. Gott sei Dank war so viel Besuch da, dass meine anderen Kinder versorgt waren, und zum Glück kannte Louisa sich gut aus und war auch schon im Stall eingearbeitet, sodass sie die Kühe übernehmen konnte.

Ich wurde mit Luise auf dem Arm auf eine Trage geschnallt. Als ich meine anderen Kinder ängstlich aus dem Fenster der Hütte blicken sah und bemerkte, dass meinem Vater, der sonst immer die Ruhe in Person ist, die Tränen runterliefen, war es auch mit meiner Beherrschung vorbei. Urplötzlich fiel die Anspannung, die ich bis zu diesem Zeitpunkt nicht wirklich wahrgenommen hatte, von mir ab und öffneten sich meine Schleusen. Als mir der Sanitäter dann beim Abheben den Arm streichelte, war es wieder gut, und ich versuchte irgendwie einen Blick aus dem Fenster zu erhaschen – gar nicht so einfach, wenn man auf einer Liege festgeschnallt ist.

Luise hatte noch kein einziges Mal ihre Augen geöffnet – als würde sie schlafen. Es dauerte nicht lange, und wir landeten auf dem Dach der Innsbrucker Klinik. Luises verletztes Auge war derart stark angeschwollen, dass der Arzt mit bloßem Auge nicht viel sehen konnte, weshalb eine Ultraschalluntersuchung und eine Computertomografie gemacht wurden. Mir schien, dass sich all die Untersuchungen endlos hinzogen. Dass dabei nichts Auffälliges entdeckt wurde, konnte mich nicht wirklich beruhigen, denn Luise hielt immer noch beide Augen geschlossen. Und sie redete nicht. Kein Wort. Verzweifelt versuchte ich Schorschi zu erreichen, aber im Büro war er nicht mehr, und am Handy ging er nicht ran. Luise klagte nun über Bauchschmerzen, worauf das ganze Kind durchgecheckt wurde, ebenfalls ohne Ergebnis. Da sie auch einen sehr niedrigen Puls hatte, war es wohl der Schock, der sich ihr auf den Magen schlug. Endlich erreichte ich Schorschi, der sich sofort auf den Weg zu uns machte und auch schon bald darauf in der Klinik eintraf. Da Luise ihre Augen immer noch nicht öffnete, wollten die Ärzte sie über Nacht dabehalten. Ich blieb bei ihr, während Schorschi zu den anderen auf die Alm fuhr.

Auch in der Nacht und den ganzen nächsten Tag machte meine Kleine ihre Augen nicht auf. Sie schlief fast die gesamte Zeit, ich dagegen brachte vor Sorge kaum ein Auge zu. Am folgenden Tag dann, während des Frühstücks, half ich ihr, das Auge zu öffnen – und sie konnte sehen! Meine kleine Luise strahlte über das ganze Gesicht! Mein Gott, was war ich froh!!! Der Augenarzt untersuchte das Auge noch einmal und stellte fest, dass Luise gut sehen konnte und dem Auge nichts fehlte. Nur eine kleine Narbe werde bleiben, beruhigte er uns. Und er sollte recht behalten. Bis auf die wirklich winzige Narbe blieb der Unfall ohne Folgen.

Die nächsten Jahre blieben wir von größeren Aufregungen dieser Art verschont. Bis 2017. In dem Jahr bewirtschaftete ich zwei Almen. Wir selbst hatten auf der Labeggalm immer nur Jungvieh, und seit die Kinder bei der Arbeit mit den Kühen immer mehr halfen, wurde es mir direkt ein bisschen fad. Als ich daher erfuhr, dass die Sennerin, die viele Jahre die Alm ein Stück oberhalb bewirtschaftet hatte, nicht mehr auf die Alm gehen würde, weil sie die Arbeit körperlich nicht mehr schaffte, hatte ich ihrem Bauern angeboten, ihre Stelle mit zu übernehmen. Ich hatte mich unbändig gefreut, dass er auf mein Angebot einging, denn auf seiner Alm gab es Milchvieh, und mir hatte das Melken sehr gefehlt. Der Sommer mit zwei Almen war allerdings heftig. Seit 2015 bin ich ja, von Besuchen abgesehen, allein mit den Kindern auf der Alm. Und so hetzte ich an manchen Tagen morgens zum Melken den Berg zur Nachbaralm hoch, zwischendurch zurück auf die Labeggalm, um unsere Kühe in den Stall zu lassen, wenn meine Kinder mal länger schliefen, wieder hoch zur Nachbaralm, um weiter zu melken … Ausgerechnet in jenem Sommer stand auch noch ein großer Umbruch für die Familie an: mein Einstieg in die Dirndlmanufaktur meiner Mutter und damit verbunden die Entscheidung, ob die Familie nach Burghausen ziehen sollte oder nicht. Im Grunde war die Sache klar, denn es wäre Irrsinn, als Mutter von vier Kindern zwischen Wallgau und Burghausen zu pendeln. Aber was war mit Schorschi und seinem Job? Und ein Umzug hieß auch, das idyllische Dorf in den Bergen und das Traumhaus, in dem wir dort wohnten, einzutauschen gegen eine Stadtwohnung. Die Gedanken drehten sich in meinem Kopf wie in einem Karussell. Da passte ein erneuter schwerer Unfall wie die Faust aufs Auge.

Ich war mit Luise, Seppi und Karolina auf der oberen Alm und bat die Kinder, Heu vom Heuboden zu holen. Um zum Heuboden zu gelangen, brauchte man eine Leiter, und die musste mit den unteren Enden in der Mistrinne des Kuhstalls stehen, damit sie nicht nach hinten wegrutschen konnte. Am oberen Ende hatte die Leiter zwei Metallhaken, mit denen sie sich ins Holz krallte, um nicht hin- und herzurutschen. Eigentlich wussten die Kinder ganz genau, wie herum die Leiter aufgestellt werden musste, denn sie hatten es schon oft getan. Ich war gerade dabei, draußen den Misthaufen umzustechen, als

Luise einen gellenden Schrei ausstieß und gleich darauf Seppi zu brüllen anfing. Im nächsten Moment kam mein Sohn zu mir gelaufen. Blutüberströmt, mit einer tiefen Wunde im Gesicht, sodass man den Knochen sehen konnte, und über und über mit Kuhscheiße verschmiert. An dem Tag hatte die Leiter verkehrt herum gestanden, warum auch immer, und als Seppi nach oben stieg, rutschten die Metallhaken aus der Mistrinne. Mein Sohn stürzte samt Leiter zu Boden, und einer der Haken schlitzte ihm das Gesicht auf.

Ich war so geschockt, dass mir die Nummer des Rettungsdienstes nicht einfiel, also rief ich meinen Mann an und schrie ins Telefon: »Du musst die Rettung rufen. Seppi hat ein Loch im Kopf!« Ich machte einen Druckverband, legte Seppis Beine hoch, und während ich beruhigend auf ihn einredete, lauschte ich mit einem Ohr, ob sich das Knattern von Hubschrauberrotoren näherte. Dann sah ich das Auto meines Mannes kommen, der bei meinem Anruf schon auf dem Weg zur Alm gewesen war. Er hielt aber auf die untere Alm zu, also lief ich mit meinem blutenden Kind im Arm den Berg hinunter. Derweil bemerkte Schorschi seinen Irrtum und fuhr nun zur oberen Alm. Es war ein heilloses Chaos. Als Bergwachtmann hatte Schorschi schon des Öfteren mit üblen Verletzungen zu tun gehabt, und als er Seppi dann sah, sagte er nur: »Ach, du Schei..!« Worauf mir erst richtig schlecht wurde. Ein kleiner Trost war, dass Seppi die ganze Zeit über ansprechbar war. Aber wo blieb denn nur der Rettungsdienst? Erst jetzt bemerkte ich, dass Nebel aufgezogen war, und wie sich herausstellte, war genau deswegen nicht der Hubschrauber, sondern die Bergwacht mit dem Auto losgeschickt worden. Es dauerte, wie mir schien, Stunden, bis sie endlich eintraf.

Mein Mann begleitete Seppi, während ich, diesmal mit dem Auto, wieder zur oberen Alm hetzte, um die Kühe zu versorgen. Vor lauter schnell, schnell und mit den Gedanken bei meinem

Buben, fuhr ich gleich noch das Auto fest. Und zwar so richtig. Nichts ging mehr, nicht mehr vor, nicht mehr zurück. Ich lief zu einem Nachbarn, um Hilfe zu holen. Dort war gerade der Bauer zu Besuch gekommen, und er erzählte mir, dass weiter unten, unterhalb der Nebeldecke, ein Hubschrauber gelandet sei. Ich dachte natürlich sofort, dass sich Seppis Zustand furchtbar verschlimmert haben musste, wenn nun doch noch ein Hubschrauber zum Einsatz kam. Aber zum Glück war dem nicht so. Vielmehr hatte Schorschi die Bergwacht dazu gedrängt, den Hubschrauber zu rufen, statt den schwer verletzten Buben über die kurvenreiche Straße zu transportieren. Im Krankenhaus wurde Seppis Wunde genäht, er wurde durchgecheckt und bekam Antibiotikum. Zwei Tage später durfte er das Krankenhaus schon wieder verlassen. Wie Luise hatte Seppi Glück im Unglück gehabt, denn bei beiden hätte es böse ins Auge gehen können. Im wahrsten Sinn des Wortes.

Beide Stürze konnten uns die Almsommer nicht vergällen, weder mir noch den Kindern, denn Unfälle können genauso zu Hause oder irgendwo anders passieren. Und es ist nicht gesagt, dass in einer Stadt mit all dem Straßenverkehr der Krankenwagen oder ein Notarzt schneller gekommen wäre. Dennoch machte ich mir natürlich Vorwürfe, dass ich nicht kontrolliert hatte, ob die Leiter einen sicheren Stand hatte. Und ich erinnere mich, dass mir ein »Stellt die Leiter ordentlich hin« auf der Zunge gelegen hatte, ich es aber nicht gesagt hatte. Noch lange knabberte ich daran und hatte Schuldgefühle. Und ich kann seither auch keine Leiter mehr aufstellen, ohne mehrmals zu überprüfen, ob das Ding wirklich sicher steht. Für Seppi, der normalerweise nur Vollgas kennt, war der Unfall vielleicht sogar ein bisschen heilsam, denn er hatte ihm einen Dämpfer verpasst.

Ich hätte auch in den Folgejahren beide Almen gemacht, doch der Bauer der Nachbaralm wollte eine Sennerin oder einen Senn, der die ganze Almsaison für ihn arbeitete, also sowohl die

Hochleger- als auch die Niederlegeralm bewirtschaftete. Und da er mehr Zeit hatte als im Vorjahr, jemand Geeigneten zu finden, wurde er auch fündig.

Die Alm – eine gute Schule fürs Leben

Im Almsommer 2019 holten meistens Magdalena und Luise die Tiere in der Früh von der Weide, trieben sie in den Stall, banden sie dort an, misteten den Stall aus. Selbstbewusst und ohne ein bisschen Angst gingen die beiden Mädchen, damals dreizehn und elfeinhalb Jahre alt, mit den Tieren um, obwohl Kühe nicht gerade klein sind und die Hälfte von ihnen Hörner hatte. Manchmal allerdings habe ich mir gewünscht, dass sie ihrer Mama ein bisschen mehr Arbeit übrig lassen, damit ihr nicht langweilig wird. Tatsächlich erledigen meine Kinder mittlerweile fast alle Arbeiten, und das freiwillig und mit so viel Freude, dass ich sie nicht einbremsen will. Die Kehrseite ist, dass für mich kaum mehr etwas zu tun ist, und da ich jemand bin, der schlecht still sitzen kann (sind wohl meine Gene, die Seppi da mitbekommen hat), ist das wirklich ein Problem. Daher war 2019 auch das letzte Jahr auf der Labeggalm – zumindest vorerst. Ich wollte wieder eine Alm mit Milchkühen, sprich mit mehr Arbeit für mich, und auch Magdalena und Luise zuliebe, denn die beiden haben das Melken gelernt und richtig Spaß daran. Im Sommer 2020 hatte ich dann zwar wieder eine Alm mit Milchkühen, genauer gesagt mit deren zwölf, dazu sechs Jungviecher und sieben Kälber, aber Magdalena und Luise übernahmen noch mehr Arbeiten, rissen sie geradezu an sich. Beim Melken, Ausmisten oder Küheholen sind die beiden in ihrem Element. Meine Kinder waren schon immer gern auf der Alm, und als ich mal anmerkte, dass mir die Alm nicht urig genug sei, ich in ihr nicht die für mich perfekte Alm sähe und daher noch nicht wüsste, ob ich sie nächstes Jahr wieder nähme, haben sie das offenbar so verstanden, dass ich vielleicht gar nicht mehr auf eine Alm gehen wolle. Da meinten sie: »Ach, Mama, du mit deiner perfekten Alm!«, und verkündeten selbstbewusst, wenn ich nicht mehr wolle, dann würden sie halt allein gehen. Sie bräuchten mich dazu eigentlich nicht.

Ich glaube, dass der Umgang mit Tieren Kinder prägt und sie dadurch ein gutes Gefühl generell für Tiere entwickeln. Wie jedes Bauernhofkind auch. Das halte ich für sehr wichtig, und es ist ein großer Pluspunkt gegenüber Stadtkindern, die oft nicht einmal wissen, woher die Milch kommt. Generell war es mir wichtig, die Kinder Respekt gegenüber Tieren und deren Nutzung und Haltung zu lehren. Auf der Alm bekamen sie das vorgelebt und lernten es ganz nebenbei. Zwar sahen sie in dem einen oder anderen Jahr, dass die Kühe beim Abtransport von der Alm mit Schlägen und Püffen auf den Hänger getrieben wurden, doch ich lebte ihnen vor, dass man die Tiere auch ohne Hiebe dirigieren kann, und das gefiel ihnen weit besser, und so ahmten sie meine Vorgehensweise nach, ohne dass ich sie dazu anhalten musste.

Auch lege ich Wert auf bewusste und möglichst natürliche Ernährung. In den beiden Almsommern, in denen ich schwanger war, habe ich daher Rohmilch getrunken, obwohl Schwangeren davon abgeraten wird. Doch ich wusste, wie die Kühe ernährt wurden, und achtete beim Melken penibel auf Reinlichkeit. Außerdem sagte ich mir, dass es kaum Natürlicheres und Frischeres als Rohmilch geben kann. Und tatsächlich hat sie weder mir noch den beiden Ungeborenen geschadet, so wenig wie die frische Kuhmilch, die meine Babys auf der Alm bekamen, wenn ich selbst nicht mehr genug Milch zum Stillen hatte. Luise kam in dem Sommer, als sie eineinhalb Jahre alt war, sogar immer von sich aus mit ihrem Fläschchen in den Stall gewackelt, wenn sie wusste, dass ich gerade am Melken war, und bettelte: »Mama, voll machen!« Bis heute trinken meine Kinder liebend gern frische Kuhmilch, und alle vier sind gesund. Natürliche und gesunde Ernährung gibt es bei uns aber nicht nur auf der Alm. Auch zu Hause achte ich darauf, mache zum Beispiel Joghurt selbst und schneide frische Früchte hinein. Und weil meine Kinder es nicht anders gewöhnt sind, vermissen sie die fertigen Früchtejoghurts nicht, die völlig überzuckert und zumeist mit Aromen aufgepeppt sind.

Ich bin überzeugt, dass die Sommer auf der Alm meinen Kindern eine robuste »Grundgesundheit« bescherten. Zwar achtete ich immer darauf, dass meine Kinder viel ins Freie kamen, auf der Alm aber waren sie über Wochen praktisch den ganzen Tag an der gesunden, frischen Luft, und statt auf einem desinfizierten Fußboden – laut Werbung ja ein unbedingtes Muss, wenn Kleinkinder im Haushalt leben – spielten sie auf der Wiese oder im Kuhstall. Und wenn sie die Hände voll Dreck hatten, ob Erde, Gras, Kuhfladen oder anderem Mist, wischten sie sie einfach am T-Shirt oder an der Hose ab. Das hat sie abgehärtet. Ihr Immunsystem musste schon früh lernen, sich gegen Krankmacher zu wehren, und ist daher stark und stabil. Höchst selten hat eines meiner Kinder eine Erkältung, selbst wenn rundherum alle husten und schniefen. Und keines meiner Kinder hat eine Allergie, was in der heutigen Zeit schon erstaunlich ist. Allergien sind, das ist meine ganz persönliche Meinung, ein »Zurückschlagen« der Natur, mit dem sie uns heimzahlt, dass wir sie mit Pestiziden besprühen und ihre Früchte (gen-)manipulieren. Leider ist es gar nicht so einfach, natürliche und gesunde Lebensmittel zu bekommen. Selbst wenn man sein Gemüse selbst anbaut, ist es nicht unbedingt gesund, weil speziell hier in Deutschland mit seinem dichten Straßenverkehrsnetz eigentlich fast überall immer irgendeine Straße in der Nähe ist und damit Abgase, weil der Nachbar in seinem Garten irgendwelches Unkraut- oder Insektenvernichtungsmittel sprüht, das der Wind herüberweht, oder weil man, wie ich in Burghausen, in der Nähe eines großen Chemiewerks lebt. Richtig gesund empfinde ich die Luft daher nur auf der Alm, und das ist einer der vielen Gründe, warum es mich immer wieder hinaufzieht. Jetzt, wo wir in Burghausen mitten in der Stadt leben, haben die Kinder nicht mehr die Gelegenheit, tagtäglich draußen zu spielen, so wie sie es in Wallgau taten. Mir blutet das Herz deswegen, doch im Moment kann ich es nicht ändern, nur versuchen, möglichst viel Zeit mit ihnen in der Natur zu verbringen. Doch auch da sind mir immer öfter Grenzen gesetzt, weil die Kinder, je älter sie werden, sich natürlich lieber mit Freunden treffen, als mit der Mutter etwas zu unternehmen. Aber so soll es ja auch sein, alles andere wäre nicht normal.

Die große Freiheit

»Freiheit« ist wohl das Wort, das den Sommer auf der Alm nicht nur für mich, sondern auch für die Kinder am treffendsten beschreibt. Selbst als sie noch klein waren, ließ ich sie bedenkenlos allein umherstreifen und die Natur erkunden mit all dem Interessanten, das es zu entdecken gibt. Auf der Alm können die Kinder einfach loslaufen, ohne auf Ampeln oder Autos achten zu müssen. Oft gibt es keinen Handyempfang, wodurch der innere Zwang wegfällt, ständig die neuesten WhatsApp-Nachrichten zu checken. Obwohl meine beiden Älteren, Magdalena und Luise, mittlerweile in der sehr speziellen Phase der Pubertät sind, in der die Freunde meistens alles sind – und Eltern und Geschwister nur ein notwendiges Übel –, fällt es den beiden überhaupt nicht schwer, ihre Freunde nur zu sehen, wenn die uns für ein paar Tage besuchen kommen, und die übrige Zeit nicht einmal übers Handy Kontakt halten zu können. Mit dem Empfang ist es auf den Almen nämlich oft nicht weit her. Ich finde das phänomenal, und es macht mich ungemein stolz, dass meine Mädchen auf ihre Handys auch verzichten können.

Seit sie im Teenageralter sind, legen die beiden normalerweise auch großen Wert auf ihr Äußeres, auf der Alm jedoch ist es ihnen völlig egal, wenn sie in alten Sachen herumlaufen oder einen »Bad Hair Day« haben. Luise brachte es einmal auf den Punkt: »Daheim muss ich mir immer Gedanken machen, was ich anziehe und wie meine Frisur aussieht. Da oben ist mir das alles wurscht, und ich gefalle mir trotzdem.« Ich weiß genau, was sie damit meinte, denn mir geht es genauso. Auf der Alm fühle ich mich schön, egal was ich anhabe und wie ich gerade aussehe.

Auf der Alm sind meine Kinder ausgeglichener und zufriedener, ein Phänomen, das ich bereits im ersten Jahr feststellte und das sich seither jedes Jahr bestätigte. Das hängt wahrscheinlich auch damit zusammen, dass ich selbst viel gelassener bin. Die Kinder merken, dass es der Mama gut geht, und das spiegelt sich wider. Auch sehe ich auf der Alm vieles lockerer. Daheim zum Beispiel achte ich darauf, dass meine Kinder und ich ordentlich und sauber angezogen sind. Zum einen, weil ich es so will, und zum anderen, weil ich es gewissermaßen auch muss, denn schließlich bin ich in der Modebranche tätig. Auf der Alm dagegen lege ich überhaupt keinen Wert darauf, da muss keiner schön herausgeputzt sein; da muss Kleidung nur funktional und praktisch sein, sonst nichts. Wenn sich die Kinder beim Herumpritscheln mal nass machen, dann werden ihre Sachen zum Trocknen aufgehängt, und sie ziehen einfach etwas anderes an. Und da wir auf der Alm keine Waschmaschine haben, wird das *Gwand* auch nicht beim kleinsten Fleck gewechselt, sondern muss wirklich dreckig sein, damit es in die Wäschekiste kommt.

Deren Inhalt hat oft mein Mann mit nach Hause genommen, dort gewaschen und bei seinem nächsten Besuch wieder mitgebracht, wofür ich ihm sehr dankbar bin. Und wenn zwischendurch mal Kleidernotstand herrschen sollte, wird halt wie früher mit der Hand gewaschen.

Das Almleben zeigt einem, dass man nichts Materielles braucht, um glücklich zu sein, dass dafür einfache Dinge genügen. Auch das fällt für mich unter das Stichwort »Freiheit«. Ein banales Beispiel: Wenn man stundenlang durch den Regen gelaufen ist, um versprengte Kühe zu suchen, und kommt dann erfolgreich, aber durchgefroren in die Hütte, in der ein warmes Feuer brennt, dann ist man einfach glücklich und zufrieden. Diese und ähnliche Erfahrungen haben auch meine Kinder schon oft gemacht und so das Wissen verinnerlicht, dass sich Glück, Gutes oder Schönes nicht über den Preis definiert. Welche andere Siebenjährige, die im wohlstandsgeprägten Westeuropa aufwächst und deren Eltern keine finanziellen Nöte haben, würde sich als Geburtstagsgeschenk ein Stück Ziegenkäse wünschen? Genau das tat Karolina. Und bereitete damit mir als Mutter ein großes Geschenk, weil es mir zeigte, dass ich doch einiges richtig gemacht habe.

Als die Kinder klein waren und sich noch nicht so gut ausdrücken konnten, war es mir gar nicht bewusst, *wie viel* ihnen die Almsommer bedeuten. Manchmal fragte ich mich sogar, ob ich es ihnen zumuten dürfe, sie über viele Wochen von ihrem Zuhause und ihren Freunden wegzuholen. Mittlerweile weiß ich, dass ich ihnen mit den Sommern auf der Alm eine unglaublich schöne Zeit beschere. Geht der Almsommer zu Ende, überkommt auch meine Kinder Wehmut, und spätestens ab dem Winter sagt mindestens ein Mal die Woche eines von ihnen, dass es sich schon »sooooo« auf die Alm freut. Und das ganze Jahr über machen sie Pläne, was sie beim nächsten Mal alles unternehmen und mitnehmen wollen. Trotzdem wundert es mich langsam, dass alle meine Kinder immer noch so gern mit mir auf die Alm gehen. Sogar Magdalena ist noch voller Begeisterung dabei. Dabei ist sie mit ihren nunmehr vierzehn Jahren ja kein Kind mehr, sondern ein Teenager, sodass man denken würde, sie würde in den Sommerferien lieber mit anderen Jugendlichen »abhängen«, mit ihnen zum Baden, Shoppen oder ins Kino gehen. Danach gefragt, sagt sie, dass sie ihre Freunde ja das ganze übrige Jahr sehen könne.

Als ich an diesem Kapitel gearbeitet habe, kam mir der Gedanke, meine Kinder auch selbst zu Wort kommen zu lassen, und so habe ich sie gebeten, kurz zu beschreiben, warum sie gern auf die Alm gehen. Hier sind ihre Antworten.

Magdalena

»Was gefällt dir gut an der Alm?« oder »Warum gehst du so gern auf die Alm?« sind Fragen, die schwer zu beantworten sind. Ich freue mich das ganze Jahr auf die Alm. Auch wenn es noch Mitte Januar ist und ich noch nicht das geringste Gefühl von Sommer verspüre. Ich glaube, es sind die Freiheit, die Abgeschiedenheit und die kleinen, besonderen Momente auf der Alm, die mir so gefallen.

Freiheit, weil man zu sehr wenig verpflichtet ist oder weil nicht viel von einem erwartet wird, wie beispielsweise in der Schule. Natürlich muss man sich um die Tiere kümmern, aber das sehe ich nicht als Verpflichtung, sondern als Erfüllung.

Und Abgeschiedenheit deswegen, weil man kein WLAN oder Telefonnetz hat. Man kommt gar nicht auf die Idee, aufs Handy zu schauen und Nachrichten zu kontrollieren, weil man weiß, dass es auf der Alm nicht funktioniert. Daher konzentriert man sich auf das Jetzt. Auf das, was vor deinem Auge passiert.

Außerdem wollen wir die kurze Zeit auf der Alm genießen.

Es ist ein wunderschönes Gefühl, sich im Regen gegen eine Kuh zu lehnen oder in der Nacht die Sterne zu sehen und die Kuhglocken zu hören. Sich einen Eimer warmes Wasser drüberzuschütten oder draußen bei schlechtestem Wetter abzuspülen, sogar das vermisst man.

All das sind die kleinen Momente, die es so einzigartig auf der Alm machen. Und gegenüber diesen Dingen entwickelt man so etwas, was man als Sucht beschreiben könnte.

Luise

Wenn man auf die Alm geht und man es schon seit zehn Monaten vorher weiß, freut man sich schon. Für mich ist die Vorfreude das Schönste. Die nächste Freude ist, wenn man ganz oben ist und die Almnachbarn schon winken und juchzen. Und wenn man den Schlüssel nimmt und die Hütte von innen sehen kann. Die Kühe im Stall sind mir sehr wichtig, auch die Hühner, die wir immer ausleihen oder selbst mitnehmen, sind mir sehr wichtig, und sie fühlen sich sehr wohl. Auch schlechtes Wetter gibt es da oben. Wenn wir schwarze Wolken sehen und wir meinen, es kommt Hagel, dann gibt's nur noch eins: alles nach drinnen räumen, die Plane aufspannen, dass es nicht überall nass wird, und die Hageldecke holen und übers Auto schmeißen, da hält man einfach zusammen, das finde ich schön. Gemütlich wird's dann. Wenn es wirklich schlechtes Wetter gibt, muss man sich irgendetwas suchen zum Beschäftigen. Man hört das Prasseln des Feuers und liest zum Beispiel oder macht anderes wie malen, basteln .... Trotzdem muss man auch draußen abspülen.

Wenn am nächsten Morgen wieder die Sonne scheint und die Blumen sich in ihrer vollen Pracht zeigen, ist das für uns alle eine Erleichterung, weil wir alle wieder rausgehen können. Das Schönste am Abend ist, wenn man nach dem Stallgehen in die warme, von Feuer beheizte Badewanne steigen kann. Und man unter dem Sternenhimmel liegen oder auf dem Balkon schlafen kann. Auch das Abendrot finde ich sehr schön.

Seppi

Ich gehe gerne auf die Alm.

Warum?

Ich mag es, dass wir Kühe haben, dass ich draußen spielen kann, überhaupt draußen sein kann, dass ich keine Schulsachen machen muss.

Ich mag es, dass ich ab und zu den Stall machen oder den Misthaufen umstechen kann, rumrennen kann, wo ich will und wohin ich will, frei sein kann.

Ich mag es so gern, wenn es altmodisch ist, einen Holzofen gibt. Das knistert so schön. Dass wir keinen Strom haben, finde ich gut. Wenn das Wetter schlecht ist, sitzen wir zusammen, das Holz im Ofen knistert … und es ist einfach nur gemütlich. Voll cool, dass wir alle zusammen sind, Mama und meine Schwestern. Manchmal vermisse ich meine Freunde, Janosch und Leopold. Aber sie haben uns beide schon besucht. Das war perfekt! Ich besuche auch gerne den Hubert auf der Nachbaralm. Dort kriege ich immer einen Kaffee. Da gehe ich immer allein runter und wieder rauf. Das genieße ich. Da kann ich so schnell laufen und springen, wie ich will.

Außerdem liebe ich es, mit meinem Moped auf der Alm »herumzudüsen«.

Karolina

Das ganze Jahr über freue ich mich auf die Almzeit.

Ich liebe es, von dem Kuhglockengeläute aufgeweckt zu werden. Dann auf der Terrasse draußen in der Sonne zu frühstücken. Ich richte eigentlich immer das Frühstück her. Meistens mache ich ein Müsli.

Ich mag es, dass ich immer draußen spielen kann. Oder auch mal zum See wandern, um dort zu baden. Oder auf die Nachbaralm zu gehen und dort einen Almdudler trinken und manchmal einen Kuchen essen zu dürfen.

Ich liebe es, die Natur, um mich herum zu haben, die Blumen mag ich besonders.

Schön finde ich es auch, wenn ich draußen auf der Terrasse meinen Mittagsschlaf machen kann. Das Schönste ist für mich, bei den Kühen zu sein. Ich gehe oft mit meiner Schwester Luise die Kühe holen, ich helfe ausmisten und striegeln. Oder verbringe einfach mal Zeit im Stall, um bei den Tieren zu sein.

Nur Gewitter, das mag ich nicht.

Im vergangenen Sommer wurden die Freunde meiner Kinder bei ihrem Besuch ebenfalls vom Almfieber gepackt und wollen nächstes Jahr unbedingt mitkommen. Ich finde es schön, dass man auch Kinder, die das einfache Leben auf einer Alm nicht von klein auf gewohnt sind, dafür begeistern kann.

Rund um die Kuh – Melken, Hüten und anderes Wissen

8597

Zwar hatte ich vor dem ersten Almsommer noch schnell in Fischbachau das Melken gelernt, doch wie man eine Kuh in den Stall und an den richtigen Platz bekommt, um überhaupt melken zu können, das lernte ich erst auf der Alm – learning by doing. Genauso wie den Ablauf auf einer Alm oder den Umgang mit Kühen. Überhaupt Kühe. Mir war bis zu meinem ersten Almsommer nicht bewusst gewesen, dass eine jede Kuh einen eigenen Charakter und Eigenheiten hat, und musste feststellen: Kuh ist nicht gleich Kuh. Wie bei uns Menschen gibt es sanftmütige und eher rabiate Wesen, ausgeglichene und launische, zickige und besonders liebe, ängstliche und abenteuerlustige, schüchterne und aufgeschlossene und so weiter. Und das heißt, Kühe haben Gefühle. Gleich im ersten Sommer hat sich ein etwa drei Monate altes Kalb durch einen dummen Unfall im Stall stranguliert. Als ich das tote Tier entdeckte, war ich fix und fertig. Ich ging zu Flieder, der Mutter, und sagte zu ihr: »Dein Kälbchen ist gestorben. Es tut mir furchtbar leid.« Da lief der Kuh eine Träne über die Wange.

Und von wegen »blöde Kuh«. Dass Kühe nicht dumm sind, haben mir mehrere Erlebnisse gezeigt. Einmal zum Beispiel, ganz zu Beginn meiner Almzeit, brach ich morgens bei nebligem Wetter auf, um die Kühe heimzuholen, und hatte bald jegliche Orientierung verloren. Zunehmend panisch, stapfte ich durch das Unterholz. Auf einmal stand eine Kuh vor mir, und als sie mich sah, setzte sie sich zielstrebig in Bewegung. Ich folgte ihr, ohne zu wissen, wohin sie ging, und das gute Vieh führte mich direkt zur Hütte. Voller Dankbarkeit und Respekt atmete ich auf. Das andere Mal zogen nach einem sonnigen heißen Tag tiefdunkle Wolken auf. Die Kühe waren allesamt schon draußen und grasten ruhig vor sich hin. Sophie und ich waren in der Hütte, als plötzlich ein Platzregen niederging. Und schneller, als wir schauen konnten, verwandelten sich die Regentropfen in hühnereigroße Hagelkörner, die mit solcher Wucht auf das Blechdach hämmerten, dass man sein eigenes Wort nicht mehr verstand. Im nächsten Moment sahen wir, wie die Kühe im Schweinsgalopp angerast kamen. Wir stürzten in den Stall, um die Stalltüren zu öffnen, gottfroh, dass es einen direkten Zugang von der Stube aus gab und wir nicht ins Freie mussten, und schon drängelten die Tiere herein. Nach ein paar Minuten war der Spuk vorbei, und die Kühe zogen wieder auf die Weide und grasten genüsslich weiter – als hätten sie genau gewusst, dass ihnen nun nichts mehr passieren konnte.

Mir war auch nicht klar gewesen, dass Kühe sehr soziale Wesen sind. Bis zu meinem ersten Almsommer dachte ich, dass die Tiere auf einer Weide zufällig mal enger zusammen, mal weiter auseinander stehen. Doch weit gefehlt. Es gibt unter Kühen eine Hierarchie, wie man es von vielen Herdentieren kennt. Auf welcher Stufe die einzelne Kuh steht, hängt unter anderem von ihrem Alter, ihrer Sozialkompetenz sowie davon ab, ob sie Hörner hat oder nicht. Die Rangordnung kann man zum Beispiel daran erkennen, welche Kühe sich gegenseitig ablecken – das machen in der Regel nur etwa Gleichrangige –, wer wem ausweicht (immer die Rangniedere einer Ranghöheren), welchen Abstand zueinander sie halten (die Distanz zu Höherrangigen ist größer als zu Gleichrangigen) und vielem mehr. Die Hierarchie wird immer mal wieder neu ausgefochten, vor allem wenn die Kühe nach Monaten im Stall, in dem jede ihren festen Platz hatte, auf die Weide kommen.

Das Enthornen von Kühen ist demnach eine Sicherheitsmaßnahme, damit sich die Tiere nicht gegenseitig ernsthaft verletzen können, oder den Bauern oder wer immer Umgang mit ihnen hat. Oft spielt auch der Ertrag eine Rolle, weil Kühe ohne Hörner im Stall weniger Platz beanspruchen, der Bauer also auf demselben Raum mehr Kühe unterbringt. Keinen dieser Gründe kann ich ernsthaft gelten lassen, denn höchst selten verletzen sich hornbewehrte Kühe gegenseitig, und schon gar nicht, wenn sie sich aus dem Weg gehen können, also genügend Platz haben. Bei Rangkämpfen setzen Kühe ihre Hörner so gut wie nie als Stichwaffen ein, sondern zum Abfangen von Stößen oder als »Haltegriffe« gegen ein Abrutschen, wenn zwei Tiere Kopf an Kopf ihre Kräfte messen. Es ist sogar so, dass hornlose Kühe rabiater sind und einer anderen den Kopf mit Wucht in das Euter oder in den Bauch rammen, wo sie es unter anderen, natürlichen Umständen mit einem leichten Piksen mit dem Horn belassen hätten. Das Enthornen hat also auch Einfluss auf das Miteinander der Kühe, sprich ihr Sozialverhalten, und wenn sich zur Almzeit die hornlosen Kühe des einen Bauern und die hornbewehrten eines anderen dieselben Weiden teilen, ist es so, als würden sie zwei verschiedene Sprachen sprechen. Bauern oder Senne, die auf das Wohl ihrer Tiere schauen, müssen ebenfalls nicht fürchten, aufs Horn genommen zu werden. Natürlich müssen sie etwas mehr achtgeben, weil sich eine Kuh ja auch mal erschrecken kann und dann vielleicht den Kopf schnell herumreißt. Wobei Kühe *mit* Hörnern meiner Erfahrung nach umsichtiger sind, als wüssten sie genau, dass sie eine potenzielle Waffe auf dem Kopf tragen. Ich persönlich habe jedenfalls noch nie eine brenzlige Situation erlebt, nicht einmal in der Enge eines Stalles. Aber es gibt noch mehr Punkte, die gegen die Enthornung sprechen. Eine Kuh kann mit ihrem Horn beinahe jede Stelle ihres Körpers erreichen und sich so eine juckende Stelle kratzen. Die Hörner sind mit Nervenbahnen durchzogen und durchblutet, und das hat mit Sicherheit einen Sinn. Da Rinder in heißen Gegenden der Erde längere und oft dickere Hörner haben, zum Beispiel der afrikanische Kaffernbüffel und der asiatische Wasserbüffel, wird vermutet, dass die Hörner für einen Temperaturausgleich sorgen. Trotzdem erlauben wir Menschen es uns, Kühe zu enthornen. Ich finde, es steht uns nicht zu, derart in die Natur einzugreifen! Wir sollten vielmehr dankbar sein, dass wir mit unseren Kühen und generell mit unseren Nutztieren – welcher Rasse auch immer – arbeiten dürfen und dass wir sie essen dürfen, sofern wir das wollen. Im Übrigen schaden wir uns mit der Enthornung unserer Kühe sogar selbst, denn man sagt, dass sich die Milch verändert, wenn man eine Kuh ihrer Hörner beraubt, möglicherweise – daran wird in der Schweiz viel geforscht – ist das sogar die Ursache für Laktoseintoleranz, also eine Milchallergie.

Faszinierend finde ich, dass Kühe Freundschaften schließen und vielleicht nicht gerade Feindschaften, aber doch Animositäten pflegen. Kühe können sehr nachtragend sein, das Schimpfwort »beleidigte Kuh« kommt nicht von ungefähr. Christoph hat einmal, als er Jungrinder während der Hochlegerzeit auf »meiner« Alm unterbringen musste, weil er selbst zu wenig Platz für alle Tiere hatte, unbeabsichtigt zwei Freundinnen getrennt. Eine der beiden war bei ihm, die andere bei mir. Die zwei verhielten sich in den Wochen der Trennung zwar unauffällig, aber als sie sich bei der Ankunft auf der Niederlegeralm wiedersahen, stürmten sie sofort aufeinander zu, schleckten sich gegenseitig ab, rieben ihre Köpfe aneinander und wichen einander nicht mehr von der Seite. Die Ärmsten mussten sich sehr vermisst haben.

Außer über Laute kommunizieren Kühe über die Haltung ihres Kopfes und die Stellung des Schwanzes. Deshalb finde ich es auch nicht gut, wenn Kühen die Schwänze hochgebunden werden. Natürlich erleichtert es die Stallarbeit, weil die Kühe ihren Kot dann nicht über den ganzen Boden verteilen können, und es kann auch verdammt wehtun, wenn einem der Schwanz ins Gesicht schlägt. Ich persönlich »mistle« lieber etwas mehr und nehme mich in Acht, als die Kühe »am Reden« zu hindern oder – noch so ein Punkt – daran, lästige Fliegen zu vertreiben.

Gern würde ich die Bauern, die ihren Kühen das antun, mal mit gefesselten Händen in den Stall stellen. Die würden das bestimmt nicht lustig finden. Genauso wenig wie einen Stromschlag, wenn sie nicht in die Mitte ihrer Kloschüssel zielen. Tatsächlich wird das hier und da praktiziert, meines Wissens zwar nicht auf Almen, aber in Ställen von Massenbetrieben. Da stehen die Kühe unter einem Bügel, durch den Strom fließt. Dazu muss man wissen, dass Kühe beim Koten ihren Rücken nach oben wölben, sprich einen Buckel machen. Wenn sie nun zu weit vorn stehen, also mit ihrem Hinterteil nicht über der Mistrinne, stoßen sie mit dem Buckel an den Bügel, kriegen einen leichten Stromschlag, treten einen Schritt zurück und kacken dann eben genau in die Kotrinne. Sehr praktisch. Und eine Tierquälerei.

Wie wir Menschen sind Kühe an manchen Orten lieber als an anderen. Im zweiten Almsommer hatte ich beispielsweise eine Kuh, die Sally, von der Lisbeth erzählte, dass sie sich unten im Tal ganz schlecht melken ließe und immer wieder treten würde. Auf der Alm hingegen war Sally lammfromm. Sie war anscheinend eine richtige »Almkuh«, die sich auf der Alm pudelwohl fühlte, im Tal hingegen Trübsal blies und ihre schlechte Laune an der Bäuerin ausließ. Ich denke, dass Kühe generell wesentlich ausgeglichener sind, wenn sie zumindest die Nacht über draußen sein dürfen und sich völlig frei bewegen können. Der Wechsel von Freilauf und Anbindehaltung ist für mich persönlich akzeptabel. Zwar tut es mir im Herzen weh, dass die Kühe den ganzen Tag angebunden im Stall stehen müssen, dafür freue ich mich jeden Abend, wenn ich sie nach draußen lassen kann, in das Kuhparadies. Denn: Dichter Wald zum Unterstellen, duftende Almwiesen zum Grasen, klare Gebirgsbäche zum

Trinken und beste reine Bergluft zum Atmen – kann es für eine Kuh etwas Schöneres geben?

Sicher wäre es am allerbesten, wenn die Tiere auch nach dem morgendlichen Melken wieder nach draußen dürften und nicht im Stall angebunden sein müssten. Das Anbinden hat hygienische Gründe, denn wenn sich die Kühe im Stall frei bewegen könnten, würden sie unweigerlich auch mal auf das Heu »machen« und damit ihr Futter verunreinigen. Dadurch, dass sie angehängt sind, sind die Kühe aber auch sehr zutraulich und zahm. Meiner Erfahrung nach baut man wesentlich leichter eine Bindung zu Kühen auf, die, wenn auch nur zeitweise, angebunden sind, als zu solchen, die ausschließlich frei umherlaufen dürfen. Einmal half ich auf einer Alm in der Schweiz aus, auf der achtzig Milchkühe von verschiedenen Bauern waren, das heißt, es kamen Kühe aus Anbindehaltung und welche aus Laufställen zusammen. Die Laufstallkühe bekamen die ersten Male, als wir sie zum Melken anbanden, fast einen Herzinfarkt, denn von zu Hause kannten sie nur den Melkstand, wo sie eben nicht angebunden, sondern durch Metallgatter in Position gehalten werden. Natürlich ist es eine Frage der Gewöhnung, und mit der Zeit nahmen auch diese Kühe die Prozedur gelassener hin, wurden jedoch nie so ruhig wie die Kühe aus Anbindehaltung.

Das Melken von Hand hat fast schon etwas Intimes, und je vertrauter Mensch und Tier sind, desto besser funktioniert es. Meine Geschlechtsgenossinnen mögen mir den Vergleich verzeihen, aber es ist wie bei den Brüsten von Frauen: Mal sind sie kleiner, mal größer, mal birnen-, mal apfelförmig, mal fester, mal weicher, und bei der einen Mutter geht das Stillen ganz einfach, während es einer anderen Probleme bereitet. Bei Kühen ist es nicht viel anders – außer, dass sie vier Zitzen haben. Es gibt Kühe, die die Milch nicht »runterlassen«, wie es die Bauern nennen. Es ist natürlich nicht so, dass die Tiere ihre Milch bewusst zurückhalten, vielmehr wird in einem solchen Fall nicht genügend »Milchabgabehormon« Oxytocin ausgeschüttet, das für den Milchfluss verantwortlich ist. Manchmal ist es auch nur eine von vier Zitzen, aus der die Milch nicht so recht fließen will. Nun mag sich der eine oder andere Leser vielleicht denken, na ja, ist doch nicht so schlimm, oder? Kommt halt beim nächsten Melken dafür mehr Milch. Tja, so einfach ist es leider nicht, denn wenn eine Kuh nicht alle Milch »runterlässt«, kann das schnell zu einer Euterentzündung führen. Ich halte nichts davon, Oxytocin spritzen zu lassen, denn in aller Regel reichen ganz einfache Mittel, um die Ausschüttung des Hormons und somit den Milchfluss anzuregen, zum Beispiel die Zitzen mit warmem Öl zu massieren. Hilft das nicht, kann man es mit Globuli versuchen, beispielsweise mit Ignatia oder Phytolacca. Wenn man die Tiere gut kennt, weiß man, bei welcher Kuh ein bisschen nachgeholfen werden muss und welche Methode bei welcher Kuh am besten wirkt. Daher sehen es Bauern meiner Erfahrung nach recht gern, wenn sich Jahr für Jahr dieselbe Sennerin oder derselbe Senn um ihre Tiere kümmert.

In einem Jahr hatte ich eine Kuh, die beim Melken immer ausschlug. Sie war nicht böse, aber ihr Euter neigte zu Entzündungen, und jede Mutter, die sich beim Stillen schon mal eine entzündete Brustwarze zugezogen hat, weiß, dass das sehr schmerzhaft und das Stillen dann wahrlich kein Spaß ist. Damit sie mir nicht in den Bauch treten konnte, der sich wieder über Nachwuchs wölbte, musste ich ihr während des Melkens die Hinterbeine zusammenbinden.

Von den Eigenheiten der Kühe abgesehen, ist der Ablauf auf jeder Alm derselbe – zumindest auf den Almen, auf denen ich bisher Sennerin war. Nachdem morgens alle Kühe am Stall angekommen sind, werden sie hineingelassen und richtig platziert, das heißt, jede Kuh muss an ihren Platz, der zu Beginn des Almsommers oft erst ausgetüftelt werden muss. Wenn im Stall auf der Alm nicht dieselben Platzverhältnisse herrschen wie im Stall zu Hause, erfordert es ein bisschen Beobachtung und ein Gespür dafür, wie die Kühe zueinander stehen, damit man nicht zwei Tiere zu direkter Nachbarschaft verdonnert, die sich nicht vertragen, denn dann gibt es Stress. Vielleicht muss man die Kühe noch ein oder zwei Mal umstellen, bis man es allen recht gemacht hat. Das Schöne ist, dass man sich auf der Alm für solche Dinge die Zeit nehmen kann. Sind die Plätze dann aber richtig verteilt, weiß jede Kuh sehr schnell, welcher der ihre ist, und marschiert von ganz allein dahin. Oder besser gesagt meistens – aber manchmal will eine Kuh einfach nicht, und wenn eine Kuh nicht will, ist es gar nicht so einfach, so ein massiges Vieh in die richtige Richtung beziehungsweise an seinen Platz zu bugsieren. Da ist teilweise voller Körpereinsatz gefragt. Ich ging dabei anfangs recht zögerlich vor, hatte ich doch einen gehörigen Respekt vor den Tieren und Angst, dass sie ausschlagen oder zurückschubsen und mich mit ihrer schieren Masse und Muskelkraft verletzen würden. Sophie war da weniger zimperlich, vermutlich, weil sie reiten gelernt hatte und daher den Umgang mit großen Tieren gewohnt war. Wir merkten recht schnell, dass man am besten gelassen und ruhig bleibt, denn je entspannter man mit einem Tier umgeht, desto besser folgt es. Hektik, Geschrei oder gar Schläge bringen da meiner Erfahrung nach nicht viel. Zu Anfang jedoch gerieten wir oft an die Grenzen unserer Geduld, und so kam es vor, dass hin und wieder eine von uns heulend im Stall saß, weil die Kühe einfach nicht das machten, was wir wollten.

Sobald alle Tiere an ihrem Platz stehen und angebunden sind, gibt es eine Ration Kraftfutter. Die Zusammensetzung ist von Alm zu Alm unterschiedlich, enthält aber meist Melasse, gequetschte oder geschrotete Getreidekörner, Sojaschrot und andere energie- und nährstoffreiche Zutaten. Das Kraftfutter muss für Rindviecher so etwas sein wie für uns Menschen

Schokolade. Hören sie nur das Geräusch, wie man mit der Kelle die Pellets aus dem Sack in den Eimer schöpft, schlecken sie sich schon die Mäuler, und das Wasser läuft ihnen im Mund zusammen. Es herrscht dann schreckliche Unruhe im Stall. Jede möchte sofort von den Leckereien bekommen, es beginnt ein Gedränge und Geschubse, dass man wirklich aufpassen muss, dass man nicht getreten oder zwischen den Leibern eingequetscht wird. Das Kraftfutter ist natürlich nicht als »Leckerli« für die Tiere gedacht, sondern soll die Milchleistung steigern beziehungsweise erhalten. Wobei sich mir, ehrlich gesagt, der Sinn und Zweck des Fütterns von Kraftfutter auf der Alm nicht so recht erschließt: Zum einen finden die Kühe auf der Alm Unmengen abwechslungsreiches, nahrhaftes und natürliches Futter, zum anderen mag die Kuh zwar dank Kraftfutter etwas mehr Milch geben, der Bauer bekommt dafür aber einen lächerlich niedrigen Preis und hat andererseits die Kosten für das Kraftfutter. Ob sich das unter dem Strich wirklich rechnet? Ich wage es zu bezweifeln.

Während die Kühe gierig ihre »Schokolade« fressen, hat man Zeit, das Melkgeschirr zusammenzubauen, das Putzzeug herzurichten und den Milchtank samt Seiher vorzubereiten. Derweil stellt sich langsam wieder Ruhe ein – bis man die Höllenmaschine startet: die Vakuumpumpe der Melkmaschine, die mithilfe von Unterdruck die Milch aus den Eutern saugt. Die Pumpe ist irre laut. Umso schöner ist dafür der Moment, in dem man sie nach dem Melken wieder ausschalten kann. Jede Kuh wird nun gemolken, das heißt, erst einmal putzt man das Euter gründlich. Viele nehmen dafür immer noch einen feuchten Lappen zu Hilfe. Selbst wenn sie diesen nach jeder Kuh in einem Eimer mit Wasser auswaschen, ist das nicht sonderlich hygienisch, weil sich in dem Wasser und damit auch auf dem Lappen bald Schmutz und Keime tummeln. Besser ist es, Holzwolle zu verwenden, natürlich für jede Kuh immer frische. Anschließend melkt man mit der Hand aus jeder der vier Zitzen ein bis zwei Milchspritzer in den sogenannten Vormelkbecher. Die ersten Milchspritzer sind die keimreichsten, und diese sollten nicht in die Gesamtmilch gelangen, denn Ziel ist ja ein möglichst keimfreies, gesundes Produkt zu liefern. Das Vormelken regt außerdem die Ausschüttung von Oxytocin an, das die Milch fließen lässt. Bevor man dann die Melkmaschine anhängt, werden die Zitzen noch mit einem Desinfektionstuch gereinigt.

Sauberkeit und Hygiene sind oberstes Gebot in einem Stall! So lernt man es in der Schule. Als klar war, dass mich die Almwirtschaft so schnell nicht mehr loslassen würde, begann ich im Herbst 2010 eine einjährige Ausbildung zur Landwirtschaftlichen Facharbeiterin bei der LLA, der Landwirtschaftlichen Landeslehranstalt, in Rotholz. Ein Jahr später war ich dann auf dem neuesten Stand, was die Melkhygiene anbetraf, eben dass man das Euter am besten mit Holzwolle reinigt, dass man mit einem Vormelkbecher vormelkt und dass man schließlich die Zitzen noch mit einem Desinfektionstuch säubert, bevor es ans eigentliche Melken geht. Aber die Praxis schaute meist ganz anders aus. Und so war ich nicht wirklich überrascht, als sich ein Bauer mal einen Lumpen schnappte und damit über die Zitzen sämtlicher Kühe wischte. So hatte er es vermutlich von seinen Eltern gelernt, und so hatten es die Milchbauern halt immer schon gemacht. »Na ja, hygienisch ist was anderes«, dachte ich mir. »Vormelkbecher?«, fragte der Bauer irritiert, als ich ihn darauf ansprach. »Sowas hamma ned. Brauch ma a ned.« Hätte ich mir eigentlich denken können, dass der hier nicht zum Einsatz kam. Die Vormilch »landete« einfach auf dem Boden, wo die Keime munter weiter gedeihen konnten. Und die fanden es bestimmt ganz prächtig, wenn sich eine Kuh mit ihrem Euter auf sie legte, sodass sie einen wunderbar warmen neuen Nährboden fanden. Auch bei der Reinigung des Melkgeschirrs hatten wir offensichtlich unterschiedliche Vorstellungen. Aber auch das kannte ich schon. Ich sagte mir: Jeder kann so arbeiten, wie er meint, nur das Ergebnis muss dann stimmen. Und es stand mir frei, es so zu machen, wie ich es in der Landwirtschaftsschule gelernt hatte. Der Bauer mokierte sich zwar über das »neumodische Zeug« seiner neuen Sennerin, die nicht einmal Bäuerin war – dass meine Ideen oft Verwunderung und Schmunzeln hervorriefen, kannte ich ja schon –, am nächsten Tag aber brachte er zu meiner Überraschung einen Vormelkbecher vorbei.

Je nach Kuh hängt die Melkmaschine acht bis zwölf Minuten am Euter, dann geht's ans Ausmelken, das heißt, man fühlt mit den Händen, wie weit man die Kuh gemolken hat. Ist noch viel Milch im Euter, wird leicht massiert und nach unten gestreift, damit jedes Euterviertel am Ende auch wirklich richtig leer ist.

Nach dem Abhängen der Melkmaschine dippt man jede einzelne Zitze in ein Desinfektionsmittel, das die Zitze wie eine Art Gummi überzieht und das Aufsteigen der Keime blockiert. Gleichzeitig schützt es auch vor Insekten.

Die Milch muss man in der Kanne zum Milchtank tragen – deswegen nach der Almzeit die kräftigen Oberarme – und durch einen Filter in den Tank schütten, in dem sie mithilfe eines Kühlers umgehend auf sechs Grad heruntergekühlt wird, um sie haltbarer zu machen.

Nach dem Melken wäscht man das Melkgeschirr gründlich durch. Erst muss man es mit einem speziellen Putzmittel und möglichst heiß, anschließend mit kaltem klarem Wasser durchspülen. Es empfiehlt sich, hohe Gummihandschuhe anzulegen, da das Putzmittel, das übrigens von der Molkerei vorgeschrieben wird, äußerst aggressiv ist. In mir sträubt sich hier was, da das Abwasser einfach durch die Spalten im Boden ins Erdreich sickert. Zu konträr die Almidylle und die Chemiekeule! Ich versuche deshalb, das Putzmittel auf ein Minimum zu reduzieren und die Wassertemperatur auf das Maximum zu erhöhen. Und es zeigt Erfolg! Die Milch meiner Kühe hat stets beste Keimwerte. Die Molkerei lässt nämlich regelmäßig die abgelieferte Milchqualität anhand von Keim- und Zellzahl überprüfen. Der Keimzahlwert spiegelt die Sauberkeit der Sennerin und der Zellzahlwert die Gesundheit der Euter.

Nachdem das Melkgeschirr sauber an der Hüttenwand zum Trocknen hängt, kann endlich das Höllengerät ausgeschaltet werden. Einer meiner Lieblingsmomente. Die Kühe liegen bereits gemütlich im Stall und kauen genüsslich wieder, was ein meist monotones Gebimmel erzeugt. Manchmal aber hören sich die vielen verschiedenen Glockentöne auch wie eine rhythmische Komposition an, die man nicht besser einstudieren könnte. Die Kinder spielen meist vergnügt, und ich rieche den lang ersehnten Kaffeeduft, der aus der Hütte zieht. Es ist einer der schönsten Momente für mich, wenn ich endlich meine große Tasse Milchkaffee oder Cappuccino trinke und selig frühstücke.

Abends beginnt man am besten mit der Fütterung von Kraftfutter, denn dann stehen alle Kühe auf einen Schlag auf. Dann werden sie gemolken, und schließlich dürfen sie nach draußen auf die Weide. Nun heißt es Melkgeschirr waschen, Stall ausmisten, mit der Buckelkraxe Stroh holen und es im Stall verteilen, damit die Kühe am nächsten Morgen wieder ein schönes frisches Bett haben. Darunter wird noch Sägemehl ausgestreut, das den Mist etwas bindet und den Geruch im Stall dämpft. Zu guter Letzt geht es an die »Lieblingsbeschäftigung«: Misthaufen umstechen! Der Mist wird beim Ausmisten über die Mittelrinne im Stall durch ein Loch in der Wand, das direkt über dem Misthaufen liegt, nach draußen geschoben. Praktisch, weil man sich das Einschaufeln in den Schubkarren spart, aber draußen muss der Mist noch verteilt werden, damit immer genügend Platz ist und das Ausschiebeloch nicht verstopft wird. Zehn Minuten Work-out, habe ich mir immer gedacht, und schon schmeckt die abendliche Brotzeit noch viel besser.

Der Durchbruch

So erholsam und entschleunigend ein Almsommer im Allgemeinen ist, so brach uns einmal, das war 2010, der Boden unter den Füßen weg. Im wahrsten Sinn des Wortes. Nach einem gemütlichen, sonnigen Nachmittag machten Sophie und ich uns an die Stallarbeit. Meine Schwester ging schon mal vor, um das Kraftfutter zu verteilen, während ich vor der Hütte das Melkgeschirr zusammenbaute. Plötzlich hörte ich aus dem Stall ein fürchterliches Rumpeln und Getöse und im nächsten Moment Sophie gellend schreien. Ich stürzte in die Stube, riss die von dort in den Stall führende Tür auf – und erstarrte vor Schreck. Ein paar Bohlen des Stallbodens waren durchgebrochen, und nun standen zwei der Kühe eine Etage tiefer im Keller. Das Fürchterliche war, dass die Kühe ja angehängt waren und die Ketten sie nun zu erdrosseln drohten. »Bolzenschneider!«, schoss es mir durch den Kopf. Panisch rannte ich in der Hütte umher, riss auf der Suche nach einem Bolzenschneider oder irgendeinem Werkzeug, das annähernd geeignet wäre, Eisenketten zu durchtrennen, sämtliche Schränke und Schubladen auf. Und fand nichts. Plötzlich hörten Sophie und ich ein Auto, rasten nach draußen, fuchtelten wie wild mit den Armen und schrien um Hilfe. Es waren unsere Eltern! Glück im Unglück, denn ein Fremder wäre vielleicht einfach weitergefahren, und in schwierigen Situationen ist es für mich immer ein ungemein gutes Gefühl, die Eltern an meiner Seite zu wissen!

Aber natürlich hatte auch unser Vater keinen Bolzenschneider im Auto. Also rannte Sophie zu unserem Nachbarn Fonsi in der Hoffnung, dass er ein solches Werkzeug hatte. Ich hastete derweil in den Stall und konnte zu meiner großen Erleichterung feststellen, dass sich die beiden Kühe inzwischen so positionieren konnten, dass die Ketten ihnen nicht mehr die Luft abschnürten. Die Ketten hatten nun sogar genug Spiel, dass ich es trotz meiner zitternden und schweißnassen Hände schaffte, den Verschluss zu lösen. Mein Gott, was war ich froh. Aber nur für einen kurzen Augenblick, denn sofort überfiel mich der Gedanke, wie wir die zwei Damen heil aus dem Keller herausbekommen sollten. Inzwischen kam Sophie mit Fonsi angelaufen, der tatsächlich einen Bolzenschneider dabeihatte, doch der half uns bei dem jetzigen Problem leider nicht weiter. Mein Vater, der Ingenieur, war inzwischen in seine Gummistiefel geschlüpft, die er vom letzten Besuch einer Baustelle noch im Kofferraum hatte, besah sich das Schlamassel und suchte nach einer Lösung, während meine Mutter kreidebleich dastand und überhaupt nicht wusste, was sie tun sollte. Ich bat sie, sich um die Kinder zu kümmern, und funkte den Bauern an. Als Albert hörte, was passiert war, ließ er alles stehen und liegen und machte sich sofort auf den Weg zu uns.

Es wurde getüftelt und beratschlagt, und unser technisch versierter Papa schlug schließlich vor, die Kühe mit einem Flaschenzug aus dem Untergeschoss zu hieven. Gesagt, getan, und nach geraumer Zeit war die erste Kuh mithilfe von Brettern, Gurten und Ketten geborgen. Das Problem war die zweite Kuh, Asta, denn sie war hochträchtig, und Albert fürchtete, es könnte dem ungeborenen Kalb schaden, wenn man Asta in den Flaschenzug schnallte. Schließlich fiel dem Bauern ein, dass vom Keller, der früher ein Schweinestall gewesen war, eine Tür ins Freie führte. Notgedrungen musste sich die werdende Mutter mit ihrem dicken Bauch durch diese klitzekleine Tür quetschen, die eigentlich gerade mal groß genug für Schweine war, und dann noch über den Misthaufen balancieren, der direkt vor dieser Tür lag. Während Albert, mein Papa, Sophie und ich der armen Asta gut zuredeten, reparierte Fonsi schon den Stallboden.

Ein bisschen neben der Rolle und mit noch zitternden Knien machten Sophie und ich uns schließlich ans Melken. So eine

Aufregung! Aber bei der abendlichen Brotzeit konnten wir schon wieder über den Vorfall lachen. Und als unsere Mutter dann noch erzählte, dass sie, als sie uns bei ihrer Ankunft wie verrückt winken sah – unsere verzweifelten Hilfeschreie hatte sie gar nicht gehört –, dachte: »Ach, die freuen sich heute aber, dass wir kommen!«, liefen uns vor Lachen die Tränen übers Gesicht.

Ich habe seit diesem Erlebnis immer einen Bolzenschneider auf der Alm dabei. Bei einem anderen Vorfall mit einer Kuh hätte mir der aber auch nicht geholfen. Eines Tages, ebenfalls auf der Krumbachalm, suchte ich die Kühe, um sie in den Stall zu treiben, als ich ein ganz zaghaftes Muhen hörte. Ich schaute mich um, konnte aber keine Kuh sehen. Ich dachte schon, ich hätte mich getäuscht, als ich das Muhen wieder hörte. Schließlich entdeckte ich die Bescherung. Eine Kuh war in eine Spalte im Erdreich geraten und saß dort fest, offensichtlich bereits die ganze Nacht, denn der Boden unter ihren Füßen war total versch… O Gott! Ich hatte keine Ahnung, wie sie da hineingeraten war, und noch weniger, wie ich sie wieder herausbekommen sollte. Ich versuchte es mit Reden, sagte zu ihr in, wie ich hoffte, trotz meiner Angst aufmunterndem Ton: »Los, komm, du musst da raus«, und tätschelte ihr die Flanke. Und es half. Das gerade noch fast schon apathische Vieh mobilisierte seine letzten Kräfte und befreite sich mit einem großen Satz aus seiner misslichen Lage. Gott sei Dank, denn ich hätte wirklich nicht gewusst, was ich sonst gemacht hätte.

Mutterglück

Eines der schönsten Ereignisse war die erste Geburt eines Kälbchens, die wir live erlebten. Das war ebenfalls im Sommer 2010. Ende Juli zeigten sich bei Mutter Asta erste Anzeichen.

Das Euter wurde langsam immer praller. Wir hatten die Anweisung bekommen, die Kuh in der Nacht nicht mehr hinauszulassen, denn wenn sie irgendwo im Wald kalbte, wäre es schwierig, Mutter und Kind zu finden.

Also durfte die werdende Mutter bei Vollpension im Stall bleiben. Tagsüber ließen wir sie unter Aufsicht vor der Hütte weiden, damit sie wenigstens ein bisschen Grünzeug bekam. Da Sophie und ich beide keine Erfahrung mit Kuhgeburten hatten, waren wir aufgeregter als die Kuh selbst, meinten wir zumindest. Die Bauersleute erklärten uns, dass die Kuh erst »brechen« müsse – nein, nicht sich übergeben, vielmehr ist damit der Umstand gemeint, dass die Beckenbänder kurz vor der Geburt ganz locker und weich werden, um dem Kalb mehr Platz zu geben. So recht konnten wir uns darunter nichts vorstellen, aber als es dann passierte, wussten wir genau, was Lisbeth und Albert gemeint hatten. Es ist wirklich faszinierend, wie sich die Beckengegend weitet und die Bänder ganz nachgiebig werden. Mutter Natur ist immer wieder verblüffend.

Die Nacht hatten wir uns schon dreimal den Wecker gestellt, um in Wechselschicht nach Asta zu schauen. Aber es rührte sich nichts.

In der Früh brach Hektik aus, weil sich zum einen der Milchwieger Hans für heute angekündigt hatte und noch drei unserer Kühe fehlten und zum anderen vier fremde Kühe partout bei uns in den Stall wollten. Ich funkte Lisbeth an, um den unerwarteten Kuhzuwachs zu melden. Sie notierte sich die Ohrmarkennummern der Tiere und versprach, sich darum zu kümmern, wem die Ausreißer gehörten. Während Sophie noch auf der Suche nach unseren drei Vermissten war, die sich irgendwo im Wald herumtrieben, kam auch schon Hans angefahren. Als ich ihm erzählte, dass unsere Tiere noch nicht vollzählig waren, ging er erst einmal bei Nachbar Fonsi seiner Arbeit nach, was uns ein bisschen Zeit verschaffte. Derweil machten mich die fremden Kühe leicht verrückt, weil sie dauernd in den Stall drängten, und kaum hatte ich sie verjagt, kamen sie schon wieder ums Eck geschlichen. Irgendwann wurde mir das Spiel zu dumm, und so band ich die Kühe einfach außen am Stall an. Mit hochrotem Kopf und völlig verschwitzt kam Sophie endlich mit unseren drei fehlenden Kühen. Kaum waren alle Kühe angebunden, stand auch schon Hans wieder in der Stalltür. Der Milchwieger wiegt, wie der Name schon sagt, wie viel Milch jede Kuh gibt. Offiziell heißt der Milchwieger Probennehmer, und das Ganze nennt sich Milchleistungsprüfung. Mit dem Messen der Milchmenge allein ist es jedoch nicht getan. Der Milchwieger entnimmt der Milch außerdem eine Probe, die anschließend im Labor untersucht wird. Dabei werden Keimzahl, Zellzahl, Fett, Harnstoff und weitere Parameter überprüft, die Aufschluss über die Milchqualität geben. Der Besuch des Milchwiegers ist jeden Sommer ein Highlight, zum einen schon aus dem einfachen Grund, dass es eine Abwechslung ist, und zum anderen, weil der Milchwieger immer jede Menge Neuigkeiten von anderen Almen zu erzählen hat. Da die Kinder ganz gebannt Hans beim Arbeiten zuschauten und ihn bestens unterhielten, konnten Sophie und ich zu zweit melken. Wir waren noch zugange, als der Arzlbauer kam, um seine ausgebüxten Kühe heimzuholen. Der schon etwas gebrechliche Bauer hatte seine liebe Not mit den störrischen Viechern, die offensichtlich überhaupt keine Lust verspürten, nach Hause zu gehen, und da Hans, Sophie und ich mit unseren Kühen beschäftigt waren, konnten wir dem armen Mann nicht helfen. Irgendwie schaffte er es dann doch allein.

Um zehn Uhr waren wir endlich mit der Arbeit fertig und genossen nach all der Aufregung unser Frühstück sowie den lang ersehnten Kaffee in vollen Zügen.

Sophie schaute danach noch einmal in den Stall zu der werdenden Mutter Asta. Diese war nun merklich nervös. Und schon alarmierte mich Sophie aufgeregt aus dem Stall: erst dachte sie, die Asta würde im Liegen urinieren, aber dann merkte sie schnell, dass es sich angesichts der großen Menge um das Fruchtwasser handeln musste.

Ich stürzte in den Stall, und als immer mehr Wasser und auch noch Schleim kamen, funkten wir wieder Lisbeth an. Sie beruhigte uns und meinte, es würde noch dauern, es sei noch Zeit genug, um das Mittagessen vorzubereiten. Na gut … Dann flutschte auch schon die Fruchtblase daher. Oje. Da wir null Erfahrung mit der Geburt von Kälbern hatten, hatten wir wirklich ein mulmiges Gefühl: Ob alles seine Richtigkeit hat? Bei so viel Wasser, wie aus der Kuh rinnt? Was machen wir, wenn das Kalb verkehrt herum liegt? Muss man der Kuh helfen, indem man das Kalb herauszieht? Wir hatten viel darüber gelesen, aber in der Praxis ist dann alles ganz anders. Was waren wir froh, als die Bauersleute kamen! Wir bereiteten Asta ein kuscheliges Bett aus Stroh und holten einen Eimer heißes Wasser, Albert brachte die »Kälberstricke«. Asta atmete mittlerweile schwer, und der Bauch wölbte sich nach oben und sank wieder zusammen. Das mussten die Wehen sein. Blöd irgendwie. Da liegt eine Kuh vor dir und hat gerade schreckliche Schmerzen – denke ich zumindest, wenn ich an meine eigenen Wehen denke. Ich konnte gut mit der Kuh mitfühlen, und es war schlimm für mich, nichts tun zu können. Wir standen alle um die Kuh herum, die Kinder, ich, Sophie, Lisbeth und Albert. Ich streichelte verzweifelt Astas Kopf. Ob ihr das gefiel oder nicht, dessen war ich mir nicht ganz sicher. Aber sie machte alles gut, und schon schauten zwei Beinchen heraus. Wunderbar, richtige Lage!, dachte ich erleichtert. Albert befestigte die heiß abgewaschenen Stricke an den Fesseln des Kälbchens. Dann zogen er und Sophie auf sein Kommando im Rhythmus mit den Wehen – drei Mal, dann flutschte das Kälbchen auch schon heraus. In den folgenden Jahren sollte ich mehrmals erleben, dass bei dieser Art Geburtshilfe einfach wie wild an den Stricken gezerrt wird, egal, ob gerade eine Wehe durch die Mutterkuh rollt oder nicht. Jedes Mal spürte ich dann den Schmerz in meinem eigenen Leib, denn das *muss* dem Tier doch wehtun.

Mir ist ohnehin nicht recht klar, warum so häufig bei der Geburt eines Kalbs »geholfen« wird. Wissen viele Bauern oder Senn einfach nicht, dass nach dem Platzen der Fruchtblase bis zu sechs Stunden vergehen können, bis sich der Kopf hinauszwängt? Oder wollen sie nur nicht so lange warten, um sich schnell wieder ihrer anderen Arbeit zuwenden zu können? Oder brauchen unsere auf Hochleistung gezüchteten Kühe tatsächlich in der Regel Geburtshilfe? Ich weiß es nicht. Ich weiß aber, dass einmal auf einer Nachbaralm drei Kälber geboren wurden und eines davon ganz natürlich und ohne menschliches Zutun nachts auf der Weide. Offenbar fehlten die Anzeichen für die bevorstehende Geburt und die Schwangere war daher nicht wie sonst üblich im Stall eingesperrt worden. Aber: Mutter und Kind waren wohlauf. Geht doch! Ich bin ziemlich sicher, dass die meisten Kälbchen auch ohne menschliche Hilfe den Weg ins Freie schaffen würden, vor allem, wenn ihre Mütter stundenlang frei herumlaufen können, wie es auf der Alm der Fall ist, und durch die viele Bewegung geschmeidiger sind und mehr Kraft haben als ihre Verwandten, die Tag und Nacht nur im Stall stehen. Sonst müssten wild lebende Rinder wie Bisons, Wisente oder Büffel ja längst ausgestorben sein. Damals half ich dem Bauern, das auf der Weide geborene Kalb den Berg hoch in den Stall zu tragen; die Mutter trottete uns brav hinterher. Für den Bauern und mich war es eine schweißtreibende Angelegenheit, denn ein neugeborenes Kalb wiegt bereits um die vierzig Kilogramm, für meine Kinder ein tolles Erlebnis.

Sophie und Albert legten »unser Neugeborenes« neben seine Mutter und rieben es fest mit Stroh ab. Asta begann sofort, ihr Baby abzuschlecken, und muhte dabei auf die eigentümliche

Weise, die typisch ist für eine Kuh, die gerade Mutter wurde. Magdalena stand leicht verängstigt da. Luise fragte immer nach dem Papa des kleinen Kälbchens, und Seppi schaute ganz fasziniert aus seinem Kinderwagen zu. Ein kleiner Stier hatte das Licht der Welt erblickt. Lisbeth versuchte, ihn bei der Mutter trinken zu lassen. Aber Mutter und Kind waren wohl noch zu erschöpft. Deshalb molk Lisbeth die liegende Asta und flößte dem kleinen Stier mit einer Flasche die lebenswichtige Vormilch ein.

Wir konnten uns nicht sattsehen, wie nett die Kuh und ihr kleines Kälbchen miteinander kuschelten. Immer wieder gingen wir in den Stall, um nach den beiden zu schauen. Benjamin tauften wir den Kleinen. Abends machte er seine ersten wackeligen Schritte, aufmerksam von seiner fürsorglichen Mutter beäugt.

Ein prägender Tag und auch sehr emotional. Normalerweise kommen die kleinen Kälbchen sofort nach der Geburt von der Mutter weg. Ich bin da immer hin- und hergerissen. Einerseits ist es eine schöne Aufgabe, das Kalb eigenhändig zu füttern, weil man dabei engen Kontakt zu ihm bekommt, andererseits macht es mich unsäglich traurig, dass Kälber nach der Geburt von der Mutter getrennt werden und dass sie dann zu bestimmten Zeiten gefüttert werden, statt sie direkt aus dem Euter trinken zu lassen, und zwar so viel oder so wenig, wie sie gerade möchten, und vor allem dann, wenn sie hungrig sind. Bei manchen Bauern darf die Mutter ihr Kalb nach der Geburt wenigstens abschlecken, bei einigen darf sie ihm sogar noch die erste Milch geben, bei anderen aber wird das Kalb sofort weggenommen, weil sonst, so wird argumentiert, der Trennungsschmerz noch größer wäre. Ich habe mich bis heute nicht an diese Praxis gewöhnt, und mein Mutterherz krampft sich jedes Mal zusammen, wenn Mutter und Kind ihr Leid hinausschreien. Ich kann aber auch die Bauern verstehen, die oft »nur« Nebenerwerbslandwirte sind. Sie müssen nicht selten um vier in der Früh raus aus den Federn, um die Stallarbeit zu erledigen, bevor sie sich auf den Weg zu ihrem Hauptjob machen, und werkeln dann bis in den späten Abend hinein wieder im Stall. Verständlich, dass sie versuchen, die Stallarbeit so effektiv wie möglich zu gestalten, und es kostet halt Zeit, Kälbchen bei der Mutter trinken zu lassen. Umso mehr freut es mich, dass langsam ein Umdenken einsetzt und so mancher Bauer zur früher üblichen Methode zurückkehrt: Das Kalb bleibt bei der Mutter und darf bei ihr trinken, wann und so viel es will, und nur die Milch, die es übrig lässt, wird schließlich ausgemolken.

Noch sind es für mein Empfinden viel zu wenige, weil die meisten Verbraucher halt nach wie vor billige Lebensmittel wollen, aber sie bedenken nicht, was zum Beispiel an einem Liter Milch oder einem Stück Käse alles dranhängt. Wie lebt die Kuh, von der die Milch gewonnen und dann zu Käse verarbeitet wird? Was frisst die Kuh, damit sie überhaupt Milch geben kann? Ist es aufwendig, vielleicht noch in Berglandschaften, selbst gemachtes Heu zu verfüttern? Wie geht der Bauer mit seinen Tieren um? Wie viele Tiere leben in einem Stall? Bekommen die Kühe zusätzlich Kraftfutter? Vielleicht gar Soja aus Südamerika? Genmanipuliert? Weil es billig ist und viel Leistung bringt? Warum geht denn die kleinbäuerliche Struktur kaputt? Weil keiner mehr davon leben kann. Billigeinkäufer unterstützen die Massenproduktion. Da kennt der Bauer seine Kühe nicht mehr beim Namen. Da melkt ein Roboter die Kühe. Wenn wir diese unemotionale und kühle Welt wollen – na dann, bitte weiter zugreifen bei den Topangeboten!

Und es sind nicht nur die Verbraucher, sondern leider auch die Politik, die die kleinbäuerliche Struktur zerstören. Mit seltsamen Auflagen aus Brüssel, die leider überhaupt nichts mit der Realität zu tun haben. Ich sage nur Hygienevorschriften – zum Beispiel für Metzger oder auch Molkereien. Als wenn die Menschen früher alle gestorben wären, wenn sie einen handgemachten Käse von der Alm aßen, der nicht im Reinraum hergestellt wurde, sondern mit bloßen Händen über dem offenen Feuer. Ein solcher Käse mag ein paar unerwünschte Bakterien enthalten haben, dafür hat er jedes Mal und überall anders geschmeckt – je nachdem, welche Art Gräser und Kräuter die Kühe, aus deren Milch er gefertigt wurde, gefressen und welches Wasser sie getrunken haben. Heutzutage bekommt man kaum noch »richtigen« Käse, einen Käse, der ohne irgendwelche Zusätze gemacht wurde. Da wird die Milch gekocht und dadurch ihre natürlichen Bakterien getötet, nur, um sie anschließend mit Käsebakterien aus dem Labor zu impfen, sodass jeder »Bergkäse« immer gleich schmeckt, egal ob die Kuh, von der die Milch stammt, je in ihrem Leben auf einem Berg war oder einen Berg überhaupt nur gesehen hat. Der natürliche Kreislauf, der Bezug zur Natur, das Gespür für die Tiere, der Geschmack und die Geschmacksvielfalt, all das bleibt dabei auf der Strecke.

Mit Butter ist es ganz ähnlich. Seit ich auf der Alm meinen Butter – in Bayern ist Butter männlich! – selbst mache, kann mir jeder gekaufte Butter gestohlen bleiben. Der Almbutter erhält durch die aromatischen Kräuter und das Heu, das die Kühe fressen, einen unnachahmlichen Geschmack. Dazu selbst gebackenes, knuspriges frisches Brot – ein Gedicht. Da brauche ich keine Wurst dazu, noch nicht einmal Käse. Den Unterschied schmecken sogar schon meine Kinder. Almbutter lieben sie, während sie zu Hause überhaupt keinen Butter essen.

Leider stirbt das Käsen auf den Almen langsam aus. Zwar haben etliche Almhütten eine Milchkammer, aber nur wenige eine, die den Vorschriften der EU-Lebensmittelhygieneverordnung genügt. Und ein adäquater Um- oder auch Neubau ist viel zu teuer, als dass er sich für den Bauern rechnen würde. Es sei denn, er will das Käsen in großem Stil betreiben. So kommt es, dass auf vielen Almen, wenn überhaupt, nur noch für den

Eigenbedarf gekäst wird. Die EU-Bürokraten zerstören also eine uralte Tradition und berauben uns eines köstlichen Lebensmittels. Aus dem ursprünglich durch und durch natürlichen Nahrungsmittel wurde mehr oder weniger ein Industrieprodukt.

Wir ließen Asta mit ihrem kleinen Kälbchen zwei Tage zusammen im Stall. Bei der Mutter trank der Kleine allerdings nicht, warum auch immer. Vielleicht verlieren Tiere, die nie bei der Mutter trinken dürfen, nach einigen Generationen den Instinkt, nach der natürlichen Milchquelle zu suchen. Jedenfalls fand Benjamin das Euter nicht und wollte auch nicht daran zuzeln, wenn man ihn sozusagen mit der Nase darauf stieß. Seine Mutter war ihm auch keine Hilfe, weil sie es nie gelernt hat, ein Kalb zu säugen. Asta wurde daher ganz normal von uns gemolken und der Kleine mithilfe eines Tränkeeimers gefüttert.

Nett war es für uns schon, wenn der Kleine den Eimer in unserer Hand erblickte, mit dem Schwänzchen wackelte und auf uns zugestürmt kam. Gierig schlang er dann seine Milch hinunter. Wenn die Milch ausgetrunken ist, nuckeln Kälbchen alles an, was in ihrer Nähe ist. Da ist scheinbar der Saugreflex noch so stark und hat bestimmt auch etwas Beruhigendes – genau wie bei Menschenkindern auch. Deshalb bekommen Kälbchen bei mir nach dem Tränken immer noch eine kleine Kuschel- und Nuckeleinheit. Wenn sie größer und kräftiger werden, kann es schon mal passieren, dass ich dabei auf dem Hosenboden lande, weil die Kleinen mich gar so stürmisch liebkosen.

Langsam versuchten wir Benjamin von seiner Mutter zu trennen, nicht freiwillig, sondern widerwillig auf Anweisung der Bauersleute. Tagsüber kam Benjamin jetzt stundenweise zu den anderen beiden Kälbchen in den »Kindergarten«. Aber es kam auch der Zeitpunkt, an dem wir die Mutterkuh Asta über Nacht wieder hinaus auf die Weide lassen mussten. Sie ging auch anstandslos ohne ihr Kälbchen nach draußen. Aber nach einiger Zeit, wenn sie sich satt gefressen hatte, kam sie zurück, stand vor dem Stall und schrie herzzerreißend. Das ging mehrmals pro Nacht so. Wie ich diese Momente hasste. Am liebsten hätte ich sofort die Stalltür aufgerissen und den Kleinen rausgelassen. Schrecklich, wie sich mein Herz zusammenzog und ich diese Trauer spürte. Gleichzeitig aber auch Wut in mir aufkam – dass wir Menschen uns anmaßen, über Freud und Leid von Tieren zu bestimmen. Aber wir mussten hart bleiben. Ich behandelte Mutter und Kind homöopathisch mit Ignatia-Globuli gegen den Trennungsschmerz und gegen die Trauer, und nach drei Tagen nahm das Schreien endlich ein Ende.

Umso mehr freute ich mich, dass meine Kinder mit den Kälbchen spielten. Eigentlich hatten wir Anweisung, die Kälbchen im Stall zu lassen. Zwar konnten sie dort frei umherspringen, aber wir fanden, dass ihnen frische Luft und vor allem Sonnenlicht nicht schaden würden. Und so handelten wir eigenmächtig, errichteten ein Gatter vor der Hütte und ließen die Kälbchen für ein paar Stunden am Tag ins Freie. Zuerst waren sie völlig verunsichert, sie hatten ja noch nie eine grüne Wiese gesehen. Aber bald merkten sie, wie gut diese schmeckt, und fingen an zu grasen.

Sämi

Eines Morgens im Sommer 2011 kamen alle Kühe von allein und marschierten in den Stall, alle bis auf Sämi. Sie wollte sich partout nicht bewegen. Es half kein Ziehen, kein Zerren, kein Treiben, kein Locken mit Kraftfutter. Sämi tat keinen Schritt. »Mama, die schaut so traurig«, stellte Luise betrübt fest, und ich musste ihr recht geben. Es war ein schöner, sonniger Tag, und es wurde immer heißer. Doch nicht einmal die Hitze brachte

Sämi dazu, wenn schon nicht in den Stall, dann wenigstens in den Schatten zu gehen. Unbeirrt stand sie auf der Weide und rührte sich nicht. Ich vermutete, dass sie Schmerzen hatte, und tastete sie vorsichtig ab. Aber weder konnte ich etwas Auffälliges erspüren, noch zeigte sie irgendeine Reaktion. Ich holte meine Nachbarn Hubert und Adi, beide zeit ihres Lebens Bauern und Almerer. Doch trotz ihrer jahrzehntelangen Erfahrung wussten auch sie keinen Rat. So wenig wie die Tierärztin, die ich bat, sich die Sorgenkuh anzuschauen. Verzweifelt rief ich meinen Bauern Markus an, der aber erst am Abend kommen konnte.

Meine Kinder übernahmen bis dahin die Krankenpflege: Sie schauten zusammen mit Sämi ein Buch an und brachten ihr Heu und Wasser. Überraschenderweise fraß und trank die Kuh. Da ich sie in der Früh nicht hatte melken können, weil sie ja nicht in den Stall gegangen war, schnappte ich mir am Nachmittag einen Eimer und molk sie auf der Weide mit der Hand. Gott sei Dank leerte sich das pralle Euter ein wenig. Am Abend kam Markus und brachte auf Verdacht den Klauenschneider Karli mit. Meine Kinder waren im Nu wieder hellwach, denn sie wollten natürlich sehen, was mit ihrer Patientin passierte. Karli inspizierte Sämis Klauen, doch denen fehlte nichts. Mit größter Mühe brachten die Männer die Kuh in den Stall, wussten aber auch nicht weiter. Sämi sollte über Nacht im Stall bleiben und bekam von mir daher noch eine Ration Heu. Zu trinken hatte sie genügend, da der Stall über ein Tränkebecken verfügte.

Auch am nächsten Tag stellte sich keine Besserung ein. Wieder kam die Tierärztin, und wieder zog sie ohne richtige Diagnose von dannen, äußerte aber die Vermutung, dass sich die Kuh etwas gebrochen hatte. Oje. Sämis Zustand verschlechterte sich eher, als dass er besser wurde, und tags darauf kam Markus in aller Herrgottsfrühe mit dem Viehhänger angefahren. Ab zum Metzger … Ich war zutiefst traurig und auch ein wenig wütend. Zum einen, weil Sämi meine Lieblingskuh war, und zum anderen, weil man sie so umstandslos auf die Schlachtbank schickte, ohne zu wissen, was ihr fehlte, und ohne ihr die Chance zu geben, dass sie vielleicht wieder gesundete.

Abends rief mich Markus an. Bei der Schlachtung, erzählte er mir, habe sich herausgestellt, dass Sämi einen Beckenbruch hatte. Seine Entscheidung war also die einzig richtige gewesen und hatte Sämi weitere Qualen erspart. Manchmal ist handeln doch besser als abwarten. Doch wie kam es überhaupt zu dem Beckenbruch? Markus mutmaßte, dass eine andere Kuh »stierig« war und Sämi besprungen hatte. Kühe, die ihre fruchtbare Zeit haben, versuchen ja manchmal, andere Kühe zu begatten – verkehrte Welt! Tatsächlich hatte eine der Kühe, die Goidl, kurz davor einschlägige Anzeichen gezeigt. Es gehört zum Aufgabengebiet einer Sennerin, ihre Tiere zu beobachten und einen Tierarzt zu rufen, wenn eine Kuh brünstig wird, damit sie noch am selben Tag besamt wird – und damit wieder Ruhe herrscht. Die Veterinäre in der Gegend haben eine »mobile Samenbank« mit gefriergetrockneten Samen und wissen meistens, welcher Bauer welchen Samen für seine Kühe haben will. Ich frage aber seit einer höchst eigenmächtigen Entscheidung eines Tierarztes immer vorab beim Bauern nach. Zwar hatte ich umgehend den Tierarzt informiert, als Goidl brünstig wurde, aber die Kuh nicht von der Weide geholt und im Stall angehängt, damit sie die anderen Tiere nicht gefährden konnte. Ob Goidl tatsächlich die Sämi besprungen und dadurch den fatalen Beckenbruch verursacht hat oder ob Sämi »einfach nur« gestürzt war, weiß keiner, aber höchstwahrscheinlich war es meine Unerfahrenheit, die Sämi mit dem Leben bezahlte. Zu meiner Trauer gesellte sich nun noch ein quälend schlechtes Gewissen.

»Kugalan« für kranke Kühe

Mich faszinierte sehr, als ich gleich im ersten Jahr als Sennerin feststellte, dass unser Nachbar Fonsi seine Kühe homöopathisch behandelte. Ehrlich gesagt, hätte ich das einem Senn in seinem Alter, Fonsi war damals sechsundsechzig, nicht zugetraut. Sein Beweggrund war ursprünglich, wie er freimütig zugab, dass er sich dadurch Tierarztkosten sparte. Sei's drum. Ich war erstaunt, wie gut er sich mit dieser Heilmethode auskannte. Meine Kinder habe ich von Anfang an, soweit möglich, homöopathisch behandelt und mich auf der Alm dann intensiv mit Homöopathie für Kühe auseinandergesetzt; das Buch *Klassische Homöopathie für Rinder* von Birgit Gnadl, damals eines der wenigen Bücher zu diesem Thema, kannte ich fast auswendig. Es war schön, in Fonsi einen Gleichgesinnten zu haben, mit dem ich mich beraten konnte.

Ich vermute, dass Fonsi weder seine Behandlungsmethoden noch seine Erfolge an die große Glocke hängte, denn als meine Bäuerin Lisbeth mitbekam, dass ich ihre Kühe im Fall des Falles mit Globuli behandelte, hat sie mich am Anfang ausgelacht. »Du mit deine Kugalan«, sagte sie immer. Umso überraschter war ich, als sie mich im folgenden Winter anrief, weil ihre Edola wieder einmal an einer Mastitis litt, sprich einer Euterentzündung, und mich fragte: »Du, sag mal, Julia, was hast du ihr da immer für Kugalan gegeben?« Mittlerweile ist Lisbeth ein richtiger Fan der Homöopathie und kennt sich bestens aus. Das freut mich ungemein. Und auch Bauer und Senn Christoph behandelt seine Kühe mit Erfolg mit Globuli.

Mittlerweile wagen sich immer mehr Bauern auf dieses Gebiet vor, und es gibt immer mehr Bücher zu dem Thema, denn mit einer »homöopathischen Stall-Apotheke« – inzwischen ein etablierter Begriff – kann man häufig auf Antibiotika und andere Arzneimittel verzichten. Ich wünschte, weit mehr Bauern würden diese Methode wenigstens mal ausprobieren. Sie hat für die Tiere auch noch den angenehmen Nebeneffekt, dass man ihnen Aufmerksamkeit schenken und sie genau beobachten muss, denn je früher man mit der Behandlung beginnt, desto besser.

Die Erfolge, die man mit Homöopathie bei Tieren – und bei Kindern – erzielen kann, beweisen meines Erachtens, dass sie nicht nur einen Placeboeffekt hat, sondern tatsächlich wirkt, was von der Schulmedizin ja häufig bestritten wird. Ich jedenfalls bin davon überzeugt, denn kein Arzt kann mir weismachen, dass sich meine Kinder oder gar meine Kühe eine therapeutische Wirkung einbildeten.

Nicht nur meine Kinder, sondern ebenso die Kühe behandle ich auch gern mit alten Naturheilmitteln. Habe ich zum Beispiel das Gefühl, dass eine Kuh Schmerzen in einem Gelenk hat, reibe ich die Stelle mit Johanniskrautöl ein. Bei Euterentzündungen verpasse ich dem Tier, zusätzlich zu Globuli, einen Quarkwickel, weil Quark sowohl die Schmerzen lindert und kühlt als auch gegen Entzündungen hilft. Da sich aber bei einem Euter ein richtiger Quarkwickel nur mit riesigen Tüchern und einem ungeheuren Verbrauch von Mullbinden zum Befestigen anlegen ließe, begnüge ich mich damit, das Euter dick mit Quark einzustreichen. Hat eine Kuh Durchfall, flöße ich ihr Schwarztee ein, der lange gezogen hat.

Erstaunlicherweise erzählte mir ausgerechnet Lisbeth, die gegenüber den »Kugalan« anfangs so skeptisch war, dass wenn man die Kühe in einer bestimmten Mondphase – leider weiß ich nicht mehr, in welcher genau – das erste Mal aus dem Stall lässt, dann kommen sie besser zurück zum Stall. Ob dem wirklich so ist, weiß ich nicht, doch tatsächlich trabten die Kühe im ersten Jahr morgens recht brav zum Stall, während ich sie im zweiten Sommer antreiben musste und sie im dritten fast von allein von der Weide kamen.

Vor jedem Almsommer bin ich gespannt, wie die Kühe wohl sein werden. Hat doch jedes Tier seinen eigenen Charakter. 2012 zum Beispiel, auf der Nachbergalm, waren sie alle sehr brav. Der Stall war riesig, nicht typisch almerisch, dafür ermöglichte er ein komfortables Arbeiten. Zwei der Kühe sind mir bis heute in Erinnerung geblieben. Das war einmal Wichtel. Ganz entgegen ihrem Namen hatte Wichtel ein riesiges Euter, sodass man sich auf den Boden knien musste, um sie melken zu können. Sie war die älteste Kuh und die Leitkuh. Und dann war da noch die Kuh namens Moni. Die Bäuerin melke die Kuh daheim gar nicht, das bleibe an ihm hängen, erklärte mir der Bauer, »weil die Moni so ausschlägt«. Oje, das sind ja gute Voraussetzungen, dachte ich. »Ich bring dir das nächste Mal einen Schlagbügel mit« – einen bitte was? Ein Schlagbügel war mir in meiner bisherigen Sennerinnenkarriere noch nicht untergekommen. Aber man lernt nie aus. Ein Schlagbügel wird so vor der Hüfte aufgesetzt, dass die beiden Enden in die Flanken vor dem Kniegelenk drücken und die Kuh nicht mehr ausschlagen kann. Das Teil mag ja recht praktisch sein, entspricht aber nicht meiner Vorstellung, dass eine Kuh sich gern melken lassen sollte, dass es für sie etwas Angenehmes sein sollte. Auf Nachfragen erfuhr ich, dass die Moni im Jahr davor bei der Heimfahrt ins Tal vom Hänger gestürzt war und erst seither beim Melken ausschlug. Das bestätigte meine Annahme, dass sie ein traumatisches Erlebnis gehabt hatte. In den ersten Tagen legten Sophie und ich dem Tier widerwillig und gegen meine Überzeugung den Schlagbügel an. Außerdem behandelte ich die Moni homöopathisch und versuchte, ihr das Melken so angenehm wie möglich zu gestalten. Was mag eine Kuh? Zum Beispiel am Schwanzansatz gekrault werden. Also kraulten wir nun immer Monis Schwanzansatz, wenn wir sie melkten, und streichelten sie, was sie offensichtlich sehr genoss. Bald stand sie beim Melken absolut still, und wir konnten auf das Anlegen des Bügels verzichten. Ein Erfolgserlebnis für uns und wohl auch für die Kuh.

Das bestätigte mich in meiner Einstellung, dass man auf jedes Lebewesen eingehen muss und dass keine Kuh von Grund auf böse ist. Es gibt immer eine Erklärung für ein sonderliches Verhalten und eine Lösung dafür. Nur braucht man halt Zeit und Geduld.

Kuh Alma macht Zicken

Die Milchkuh, um die ich Christoph für den Sommer 2015 gebeten hatte, da ich sonst nur Jungvieh hatte, aber wenigstens für mich und die Kinder frische Milch haben wollte, schien nicht glücklich zu sein. Alma wollte nicht auf die Weide, wollte nicht grasen und am liebsten im Stall stehen. Ich vermutete, dass Alma Heimweh hatte und sich noch nicht im neuen Almgebiet zurechtfand, geschweige denn sich mit ihren neuen Kolleginnen angefreundet hatte. Das andere Problem war das Melken. Da Almas Euter fast bis auf den Boden hing, hatte mir Christophs Vater Hugo einen Melkschemel mit extra kurzen Beinen gezimmert. Dieses neue Höckerchen erleichterte mir zwar die eigentliche Arbeit ganz erheblich, änderte aber nichts an der Tatsache, dass Alma es offensichtlich nicht gewohnt war, von Hand gemolken zu werden. »Geduld, Julia«, redete ich mir gut zu. Immerhin sechs Liter konnte ich ihr abringen, und es war ein schönes Gefühl, wenn ich meine mühsam gewonnene Ausbeute schließlich in die Stube tragen konnte.

Nach zwei Tagen fand es Alma dann gar nicht mehr lustig, von Hand gemolken zu werden, trat nach mir und stieß dabei den fast vollen Eimer um. Da saß ich dann mitten im Milchbad heulend im Stall. Jetzt musste ich mich eh schon so plagen, weil ihr Euter so tief hing, und dann diese neue Masche. Aber womöglich, so überlegte ich, hatte ich Alma wegen der widrigen Umstände nie ganz ausgemolken, und wenn immer ein Rest Milch im Euter bleibt, neigt es dazu, sich zu entzünden. Und weil eine Euterentzündung schmerzhaft ist, tritt das arme Vieh nach mir, damit ich ihr Euter in Ruhe lasse. So weit meine Theorie. Aber die Milch musste raus! Dumm nur, dass ich jetzt immer vorsichtiger und zaghafter wurde, was die Wahrscheinlichkeit erhöhte, dass Milch im Euter zurückblieb, dass sich das Euter aufgrund dessen entzündete und dass Alma tatsächlich Schmerzen hatte – und nicht einfach nur zickig war. Ein Teufelskreis. Außerdem fiel mir auf, dass die Milch beim Käsen nicht mehr gut einlabte: Es dauerte keine halbe Stunde, wie gewöhnlich, dass die Milch nach Zugabe des Labenzyms dicklag, sondern anderthalb Stunden. Und dann schwammen in den nächsten Tagen auch noch eine Art Fetzen in der Milch – eine typische Erscheinung von angehender Euterentzündung beziehungsweise hoher Zellzahl in der Milch. Auch der Geschmack der Milch veränderte sich. Leicht salzig schmeckte sie. Alle meine Alarmglocken leuchteten Rot. Ich studierte mein Homöopathiebuch für Rinder und behandelte Alma mit Globuli. Das half, aber es dauerte eine gewisse Zeit. Somit konnten wir die Milch erst einmal nicht trinken, auch nicht zu Butter oder Käse verarbeiten. So richtig gut wurde Almas Milch leider nie mehr. Alle paar Tage unternahm ich einen Versuch und machte mich ans Käsen, aber das Ergebnis war nicht genießbar. Schade um die Arbeit. Eine Kuh aufzutreiben, die man für ein paar Wochen ausleihen kann *und* die es gewohnt ist, von Hand gemolken zu werden, ist in der heutigen Zeit wohl auch für einen Viehhändler wie Christoph schwer machbar. Zwar kann man eine Kuh durchaus von Maschine auf Hand umstellen, aber das dauert und ist nicht in sechs Wochen zu schaffen. Dank Kuh Alma weiß ich nun auch das. Und das Kapitel Milchkuh auf der Labeggalm hatte sich damit erledigt.

Von Hühnern, Schweinen und Ochsen

Hahn Hugo und anderes Federvieh

Gleich am ersten Abend im zweiten Jahr auf der Krumbachalm, 2009, war Hahn Hugo unauffindbar. Jegliche möglichen Verstecke suchten wir ab, aber Hugo blieb verschwunden. Wir rechneten schon mit dem Schlimmsten: dass sich ein Fuchs den armen Hahn geholt und verspeist hatte. Als wir am nächsten Morgen nicht von einem kräftigen Hahnenschrei geweckt wurden, waren wir schließlich überzeugt, dass Hugo nicht mehr unter uns weilte. Aber höre da, als wir die Kühe im Stall anhängten, vernahmen wir ein verzagtes Krächzen, dessen Quelle unter unseren Füßen zu sein schien. War der arme Kerl doch glatt irgendwie in den Keller unter den Stallboden geraten und hatte den Weg zurück nicht mehr gefunden!

Nachdem der Hahn wiederaufgetaucht war, bahnte sich das nächste Problem an: unsere Damen Hanna, Hedwig, Helga, Henriette und Hilde. Die Hühner legten keine Eier. Alles Mögliche probierten wir, Futterumstellung, auf Anraten unserer Bäuerin Lisbeth bis Mittag eingesperrt lassen, denn vielleicht »verlegten« die Hennen ihre Eier nur. Wir suchten natürlich auch alle möglichen Plätze ab, in der Hoffnung, irgendwo doch noch auf Eier zu stoßen, wurden aber nicht fündig. Sicher war uns bekannt, dass Hühner eine Weile brauchen, bis sie sich umstellen, wenn sie »verpflanzt« werden, aber mehrere Tage? Endlich legte dann doch eine der Damen ein Ei, und unsere Freude war groß – aber von kurzer Dauer, denn leider blieb es den ganzen Sommer über so, dass die sparsamen Hennen uns nur hin und wieder mit einem Ei bedachten. Es waren nicht die jüngsten Hühner, die wir da von einer Bekannten geschenkt bekommen hatten, das hatten wir von Anfang an gewusst, aber dass sie derart legefaul waren, das hätten wir nicht gedacht! Sehr schade, denn so gab es nur alle paar Tage mal ein Frühstücksei, und das auch nur für einen von uns – an Rührei, Omelett oder Pfannkuchen nicht zu denken. Wir trösteten uns damit, dass die Hennen wenigstens noch eine schöne Zeit auf der Alm verbringen durften. Als die Saison allmählich zu Ende ging, grübelten wir, was wir denn nach dem Sommer mit den alten Damen machen sollten. Den Aufwand betreiben, sie wieder zurück nach Hause zu bringen, nur, um sie dort weiter durchzufüttern, fand ich übertrieben.

Mein Mann hatte bei einem seiner Besuche schließlich die Idee: Wir machen Suppenhühner aus ihnen! Und damit könnten wir doch gleich loslegen. Mutig machte sich Schorschi sogleich ans Werk. Mit einem Holzscheit zum Betäuben und einer Axt zog er los, um als Erstes Helga den Garaus zu machen, während Sophie und ich in Hühnertrauer verfielen. Auf Helga fiel die Wahl, weil sie die »A...-Henne« war. Auf diesen Namen hatten wir sie umgetauft, weil sie die »A...-Karte« gezogen hatte: Sie wurde aus welchem Grund auch immer von den anderen Damen gemieden und lief immer allein umher.

Schorschi verdaute seine Tat nicht so einfach, er war fix und fertig, kreidebleich. Auch Sophie und mich hatte das Ganze nicht unberührt gelassen. Zur Bewältigung dieses Ereignisses tranken wir alle erst einmal einen »Schockschnaps«, bevor wir uns daranmachten, das Huhn zu rupfen und auszunehmen. Als auch das erledigt war, brachten wir Helga zu Nachbar Fonsi, der im Gegensatz zu uns eine Speisekammer hatte, in der wir sie kühl lagern konnten, bis wir sie tags darauf verspeisen durften. Am nächsten Tag gingen Magdalena und ich sie holen. Auf dem

Rückweg schwang Magdalena fröhlich die Plastiktüte mit der toten Henne und sang aus voller Brust: »Wir haben die Helga dabei, die Helga, ja die Helga!« Für manch einen mag das makaber klingen, aber ich finde es gut, wenn Kinder ein gesundes Verhältnis zur Nahrung haben und wissen, was es bedeutet, ein Tier artgerecht zu halten, aber auch artgerecht zu töten und dann, dankbar für die Gabe, zu essen. Ich vermittelte meinen Kindern von klein auf, dass eine Helga – oder jedes andere Huhn oder Rind, Schwein oder sonstiger »Fleischlieferant« –, die ein schönes, freies Leben hatte, tausendmal besser ist als ein Tiefkühlhuhn für weniger als zwei Euro aus dem Supermarkt, das nur auf Masse und billig gezüchtet wurde und sein kurzes Dasein unter Bedingungen fristete, die weit von Tierwohl entfernt sind. Ich kaufe daher nur Fleisch in Bioqualität aus artgerechter Haltung. Und weil das teurer ist, steht halt nicht täglich Fleisch auf dem Tisch, obwohl wir gern Fleisch essen. Für uns alle war es denn auch ein Erlebnis, die »Helgasuppe« zu verspeisen. Selten sprachen wir beim Essen so oft und mit so viel Achtung von der Hauptzutat wie damals. Helga, Gott hab dich selig!

Unsere Bäuerin Lisbeth zeigte Erbarmen mit meinem Mann und bot an, die übrigen vier Hühner nach unserem Almsommer bei sich im Hühnerstall aufzunehmen. Hahn Hugo fand einen Alterssitz bei Freunden.

Auch im Jahr darauf waren wieder fünf Hennen – Adelheid, freche Frida, Cecilia, Josephine, Edeltraud – und ein Hahn namens Franz mit von der Partie. Mein Mann baute den Hühnerstall dieses Mal an einer anderen Stelle auf in der Hoffnung, dass es dadurch mit dem Eierlegen klappte. Und um einem wiederholten Hahnenschwund vorzubeugen, stellten wir einen Hühnerzaun auf.

Die kleine Luise entdeckte ihr Herz für die Hühner, versorgte die Tiere und beschäftigte sich viel mit ihnen. Sie ist bis heute die »Henna-Mama«. Wenn sie aus der Schule kommt, geht sie als Erstes zu unserem kleinen Hühnerstall und gibt den Hennen Futter. Luise ist generell diejenige, die den stärksten Bezug zu Tieren hat und sich am fürsorglichsten um »unsere« Viecher kümmert, seien es Hühner oder Kühe. Im Grunde aber lieben alle meine Kinder Tiere. Manchmal schien es mir zwar, als würde Magdalena sich von allen Geschwistern am wenigsten dafür interessieren, doch dann stand sie wieder stundenlang im Stall und striegelte die Kühe. Und sie lernte schon als Elfjährige das Melken.

2011 ging Schorschi unter die Hühnerzüchter. Als wir beobachteten, dass eine unserer Sulmtaler Hennen nur noch im Nest saß und komische Glucklaute von sich gab, war klar, dass sie offenbar brüten wollte. Da kam mein Mann auf die Idee, dem Huhn befruchtete Sulmtaler Eier unterzujubeln, denn einen Sulmtaler Gockel hatten wir nicht. Die Sulmtaler sind eine alte steirische Zweinutzungsrasse, die nicht jeden Tag ein Ei legt, dafür aber viel Fleisch liefert. Schorschi, der für seine Hühner weder Arbeit noch Mühen scheute, zog umgehend los, trieb tatsächlich Sulmtaler Eier auf und schob sie unserer brütenden Dame unter. Mithilfe einer Schierlampe konnten wir die Eier durchleuchten und so erkennen, ob sie befruchtet waren. Das war unheimlich spannend, denn manchmal konnte man sogar das klitzekleine Herzlein pochen sehen. Gerade für die Kinder war es sehr aufregend. Die unbefruchteten Eier sortierten wir aus, damit die Glucke nicht auf »leeren« Eiern sitzen musste. Unsere schöne Sulmtaler Henne hatte auch so genug zu tun: Sie saß auf sage und schreibe dreizehn befruchteten Eiern. Nach genau einundzwanzig Tagen war es so weit. Als mein Mann in der Früh in den Hühnerstall kam und die Glucke neugierig hochhob, lag tatsächlich ein *gackerlgelbes* Küken im Nest und piepte aufgeregt. Als Schorschi mit der Nachricht in die Hütte kam, liefen die Kinder und ich sogleich zum Hühnerstall und bewunderten das Hühnerbaby. Nur mussten wir sehr vorsichtig sein, da eine Hühnermutter sehr gut auf ihre Kinder aufpasst und keinen an sie heranlässt. Sie pludert ihr Federkleid auf, wodurch sie doppelt so groß wirkt, und pickt mit ihrem spitzen Schnabel nach jedem, der ihr zu nahe kommt. Mit gekonntem Griff lupfte Schorschi die junge Leihmutter erneut, und wir sahen, dass zwei andere Eier schon Risse in der Schale hatten. Wenn man sie ans Ohr hielt, hörte man es drinnen ganz leise piepsen. Welch ein schönes Erlebnis.

Nachmittags saßen dann schon vier Küken unter dem wärmenden Federkleid der Glucke, und es wurde immer lebendiger im Hühnerstall. Schließlich zählten wir ungläubig zwölf Küken. Was für eine Meisterleistung. Ein Ei war zwar angepeckt, aber es rührte sich nichts darin. Da schritt Hebamme Schorschi ein und schälte das Küken behutsam aus der Schale. Eigentlich sollte man das nicht tun, da die Natur es so eingerichtet hat, dass nur die Starken überleben. Aber der angehende Hühnerzüchter konnte es nicht mit ansehen, dass dem kleinen *Wuzerl* wohl die Kräfte ausgegangen waren. Sobald er das Küken aus der Schale gepult hatte, legte er es unter eine Wärmelampe. Und tatsächlich wurde das Küken langsam munter und fidel. Es piepste und tapste wackelig umher. Schließlich brachten wir es zu seinen Geschwistern, die alle gut ge- und beschützt unter ihrer Ziehmutter saßen, und hofften, dass es überleben würde. Und das tat es. Wir fütterten unseren Nachwuchs fleißig mit hart gekochten Eiern und klein gehacktem Gras. Es war faszinierend, zu beobachten, wie die Küken sofort fraßen und tranken. Auch fingen sie umgehend an, mit ihren kleinen Füßchen zu scharren. Genau wie die großen Hühner es machen. Nach ungefähr drei Tagen ließen wir die Glucke mit ihrer Kinderschar das erste Mal nach draußen. Sie hatten das Hühnerparadies auf Erden. Sie konnten frei herumlaufen, und unter dem Holunderbusch an der Hauswand fanden sie eine Stelle mit trockener Erde, in der sie »baden« konnten, um Ungeziefer von ihrem Federkleid fernzuhalten. Ein einziges Küken kam auf ungeklärte Weise abhanden. Wir vermuteten, dass es ein Habicht oder gar ein Adler geholt hat. Doch die restlichen Geschwister überlebten, und so zogen wir im September mit zwölf Hühnern mehr heim.

Im Sommer 2012 brachte Schorschi eines Tages ein kleines weißes Huhn von zu Hause mit, denn es erschien ihm nicht ganz gesund. Da er nicht oft daheim war, dachte er sich, bei uns auf der Alm sei es besser aufgehoben und wir könnten uns intensiver um das kleine Geschöpf kümmern. Wir wussten nicht, was das Huhn hatte, aber es war definitiv verhaltensauffällig. Es suchte den Kontakt zu uns Menschen, verhielt sich eher wie ein Hund als wie ein Huhn. Immer war es um uns herum. Wenn wir uns auf die Hausbank setzten, hockte sich das Huhn unter die Bank. Es wollte sogar mit uns in die Hütte gehen, aber das ging mir dann doch ein bisschen zu weit. Wenn die Kinder draußen spielten, war das Tier immer dabei. Seppi, der besonderen Gefallen an dem Huhn gefunden hatte, fand schnell heraus, dass es sich fangen ließ, und trug es oft auf dem Arm herum. Magdalena und Luise fuhren es in ihrem Leiterwagen umher. Wir flößten ihm täglich seine Medizin ein, die ihm der Tierarzt verschrieben hatte, obwohl es nicht eigentlich krank wirkte – nur nicht ganz normal. Deswegen tauften wir es – zugegeben nicht sehr liebevoll – »depperte Henna«. Wir hatten unser »depperte Henna« richtig ins Herz geschlossen, und als wir wieder zu Hause waren und das Huhn zurück im Hühnerstall, vermissten wir es richtig. Scheinbar ging es dem Huhn auch so, denn kurze Zeit darauf verstarb es. Die Kinder schaufelten ein Grab und bastelten ein Kreuz, und wir beerdigten es würdig unter dem Apfelbaum im Garten. Noch heute sprechen wir oft über unsere »depperte Henna«.

Hühner sind wohl generell nicht die intelligentesten Tiere. Jahre später, im Sommer 2020, mussten unsere Hühner auf ihren komfortablen Hühnerstall verzichten, den Schorschi in den Jahren davor immer auf die Alm transportiert und dort aufgebaut hatte. Stattdessen mussten sie mit einem Drahtgeflecht mit Deckel vorliebnehmen. Das war zwar nicht das Nonplusultra, aber zumindest waren sie dort über Nacht vor hungrigen Mäulern geschützt. Jeden Morgen mussten wir die Tiere aus ihrem provisorischen Stall herausheben. Den Deckel abzunehmen reichte nicht, denn das Federvieh verstand nicht, dass es nur herauszuflattern bräuchte. Am Abend dasselbe Spiel: Wir mussten die Hühner in ihr Nachtdomizil hineinheben. Immerhin kannten sie nach ein paar Tagen den Ablauf und setzten sich bei Anbruch der Dämmerung brav vor den Drahtstall und warteten darauf, dass wir sie hineinsetzten.

Für unsere Hühner war die Almzeit das reinste Paradies. Sie hatten keine Grenze, keinen Zaun, konnten marschieren, wohin sie wollten. Abends, wenn die Kühe aus dem Stall getrieben waren, tappelten die Hühner in den Kuhstall und pickten die Reste des Kraftfutters auf, die durch die Futterbarren auf den Boden gefallen waren. Man merkte, dass es ihnen richtig gut ging, weil sie fleißig Eier legten. Da machte das Hühnerhalten Spaß.

Eier von eigenen Hühnern, die viel an der frischen Luft sind und nur gesundes Futter bekommen, sind für mich ein wahrer Genuss. Als wir in den ersten Jahren nach dem Umzug nach Burghausen keine Hühner hatten, liehen wir uns daher für den Almsommer sogar welche aus. Ebenso einen Gockel, denn ich finde es schön, in der Früh von einem Kikeriki geweckt zu werden.

Ferdinand und Fridolin

Ferdinand und Fridolin, die zwei Schweine, die wir uns für den Almsommer 2011 zugelegt hatten, fühlten sich sauwohl auf der Alm. Im Stall hatten sie ein gemütliches Strohbett, das sie peinlich sauber hielten. Schweine sind nämlich entgegen der immer noch landläufigen Meinung sehr reinliche Tiere und verrichten ihr Geschäft immer an derselben Stelle, um nicht den gesamten Stall zu verschmutzen. Ferdinand und Fridolin bekamen außerdem einen eigenen schönen Auslauf, und damit sie bei ihren Freigängen keinen Sonnenbrand bekamen, rieb ich sie die ersten Tage auf der Alm regelmäßig mit Sonnencreme ein. An den Rändern der Ohren musste ich beim ersten Mal wohl etwas nachlässig gewesen sein, denn die waren am Abend ziemlich rot.

Den Auslauf hatten wir mit einem Maschendrahtzaun begrenzt, damit die beiden nicht zu weit umherstreifen konnten. Am nächsten Tag staunten wir nicht schlecht: Ferdinand und Fridolin hatten sich in null Komma nichts unter dem Zaun hindurchgegraben. Ein kleiner Stromzaun an der Innenseite des Maschendrahts schuf Abhilfe. Zumindest gegen das Ausbüxen. Innerhalb von nur zwei Tagen schafften die zwei Ferkel es nämlich, den Boden im Auslauf völlig umzugraben und die vorher grüne Wiese in einen Morast zu verwandeln, in dem sie sich nun hingebungsvoll suhlten. Da Schweine gern grasen, auf ihrem durchwühlten Acker aber natürlich kein Gras mehr wuchs, hatten wir Erbarmen und ließen sie auch mal außerhalb ihres Geheges umherstöbern.

Wir hatten so manchen Ärger, aber auch viel Spaß mit den beiden Tieren. So trauten wir unseren Augen nicht, als sie beim ersten »Freigang« schnurstracks den Misthaufen ansteuerten und mit Anlauf hineinsprangen. Und zwar genau an der Stelle, wo auch der Abfluss unseres Plumpsklos endete. Dort wühlten sie dann voller Freude in der Sch… Pfui Teufel! Sind halt doch Schweine. Als sie endlich genug von der Sauerei hatten, hatte sich am Ohr des einen und am Ringelschwänzchen des anderen Toilettenpapier verfangen. Das sah nun wieder so komisch aus, dass wir uns vor Lachen bogen. Überhaupt fühlten sich Ferdinand und Fridolin von Misthaufen magisch angezogen. Sie liefen sogar bis zu unserem Nachbarn, um auch dort den Mist ausgiebig zu erkunden. Und wir hinterher, um die Ausreißer wieder einzufangen. Man möchte gar nicht glauben, was für ein Tempo Ferkel an den Tag legen können. Zum Glück ging ihnen immer schnell die Puste aus.

Unaufhörlich rückte der Tag näher, an dem sie dran glauben mussten, denn wir hielten sie schließlich, damit wir irgendwann ihr Fleisch essen konnten. Einfach war es trotzdem nicht, sie ans Messer zu liefern. Das ist es nie bei Tieren, die man selbst aufgezogen hat. Wir versuchten das Schlachten so stressfrei wie möglich zu gestalten, weswegen wir einen befreundeten Metzger zu uns auf die Alm einluden. Er rückte am Abend vor dem Schlachttag mit fünf (!) Mann Verstärkung an. Alles lustige und trinkfeste Burschen. Es wurde ein feuchtfröhlicher Abend, aber ich zog mich bald zurück, da ich mit Karolina schwanger war und nichts trinken durfte, und nüchtern unter lauter Angetrunkenen zu sitzen ist bekanntlich nicht ganz so lustig.

Am nächsten Morgen brachte Schorschi nach dem Aufstehen als Erstes einen ganzen Kessel voll Wasser zum Kochen. Das Wetter spielte bestens mit. Über Nacht war es so kalt geworden, dass es sogar die Bergspitzen angeschneit hatte. Die Kälte war gut, denn zum Schlachten darf es nicht zu warm sein. Um sieben Uhr schritt der Metzger zur Tat. Er hatte eine Elektrozange zum Betäuben der Schweine dabei, die gleich neben dem Schweinestall angesteckt werden konnte. Das war äußerst praktisch. Denn so brauchten wir die Tiere nur mit etwas Kraftfutter aus dem Stall zu locken, und kaum, dass sie sich versahen, lagen sie schon bewusstlos am Boden. Danach wurde ihnen die Kehle aufgeschnitten, damit sie ausbluteten. Beim ersten konnte ich nicht zusehen, beim zweiten habe ich mich überwunden und es mir angeschaut. Anschließend wurden die Tiere mit »Saupech«, einem zu Pulver geriebenen Harz, eingerieben und in den Sautrog getaucht, der mit kochend heißem Wasser gefüllt war. In dem heißen Wasser schmolz das Harz und verklebte die Borsten. Sobald das Brühharz erkaltet war, wurden die nun harten Borsten mithilfe von Ketten von der Haut geschabt.

Luise wollte unbedingt bei der ganzen Aktion zuschauen. Kurz überlegte ich, wie ich damit umgehen sollte. Schließlich sagte ich mir, dass Schlachten dazugehört, wenn man Fleisch essen will, und wenn sie selbst zusehen will, warum sollte ich sie daran hindern? Ich bereitete sie darauf vor, dass es nicht schön anzuschauen sein würde, aber sie ließ sich nicht abhalten. Später, als es ans Entborsten ging, schaute auch Seppi zu und grunzte immer vor sich hin. So ganz verstanden hat er mit seinen neunzehn Monaten aber wohl noch nicht, was da vor sich ging.

Der Metzger und seine Helfer leisteten harte Arbeit: Die schweren Schweine in Hälften zerlegen und Knochen zu zersägen war im wahrsten Sinn des Wortes ein Knochenjob. Wie viel Körpereinsatz dabei gefragt ist, war mir vorher nicht bewusst gewesen. In der Zwischenzeit schälte ich in der Hütte gefühlte Tonnen von Kartoffeln und kochte kiloweise Sauerkraut, denn zum Nachmittag hatten wir unsere Almnachbarn, die Familie und Freunde zum großen Kesselfleischessen eingeladen. Dreißig Personen hatten ihr Kommen zugesagt – und alle hielten ihr Wort. *D' Musi* spielte, es wurde gegessen, getrunken und gelacht. Ganz zu Ehren von Ferdinand und Fridolin!

Das Fleisch, das nicht im Kessel gelandet war, fuhr mein Mann anschließend noch nach Hause. Mithilfe seiner Eltern portionierte und verpackte er es die halbe Nacht. Unsere neue, eigens dafür angeschaffte Gefriertruhe war nun bis zum Rand gefüllt mit dem besten Almschweinefleisch, das man sich vorstellen kann. Sogar der Metzger war begeistert. »Unglaublich, das Fleisch«, sagte er. »So was Gutes kriege ich selten zu sehen.« Er selchte noch Speck für uns – eine wahre Gaumenfreude!

Sicher ist es traurig, wenn man lieb gewonnene Tiere schlachtet. Mir fällt es schwer, diejenige zu sein, die über Leben und

Tod entscheidet, und immer komme ich mir dabei richtig schlecht vor. Doch jedes Mal siegt mein Pragmatismus. Ich esse gern Fleisch. Es kommt bei uns jedoch nicht täglich, sondern nur einmal in der Woche auf den Tisch, und dann will ich es in der Gewissheit essen, dass das Tier ein gutes und artgerechtes Leben hatte. Mir graut bei dem Gedanken, dass Schweine zu Hunderten in Ställen eingepfercht auf Spaltenboden ihr Dasein fristen, dass Muttersäue in Käfige gesperrt werden, in denen sie sich nicht einmal umdrehen können, oder dass männliche Ferkel aus Kostengründen bei vollem Bewusstsein kastriert werden. Das ist für mich der falsche Weg. Da bin ich lieber Richter über Leben und Tod und weiß, dass meine Tiere glücklich leben durften und stets bestes Futter erhalten haben. Auch das Wissen, dass sich der Kreislauf schließt, macht die Sache für mich rund und logisch – und das ist mir persönlich wichtig. Was das anbelangt, kann man viel von den früheren Zeiten lernen. Früher bestand die Hauptarbeit darin, sich Lebensmittel zu verschaffen, weshalb die Nahrungsmittel eine hohe Wertigkeit hatten. Davon ist heutzutage nicht mehr viel zu spüren, wie sonst könnte es sein, dass allein in deutschen Privathaushalten jedes Jahr im Schnitt über fünfundachtzig Kilogramm Nahrungsmittel im Abfall landen? – Wohlgemerkt pro Kopf! Diese Verschwendung hat viele Gründe, unter anderem, dass wir uns von dem Überangebot dazu verleiten lassen, zu viel zu kaufen, oder dass wir Reste wegwerfen, statt sie zu verwerten. Man kann zum Beispiel die vom Vortag übrige Semmel oder Scheibe Brot, statt sie im Müll zu entsorgen, an der Luft durchtrocknen lassen und dann zu Bröseln für eine Panade reiben; die halten luftdicht verschlossen eine halbe Ewigkeit und schmecken ungleich besser als gekaufte Semmelbrösel. Natürlich bin ich mir bewusst, dass sich die Zeiten geändert haben und es nichts bringt, alten Zeiten nachzutrauern. Dennoch sollte man den Nahrungsmitteln wieder mehr Bedeutung schenken, sie wertschätzen und sich mehr Zeit für die Ernährung nehmen, ob beim Einkauf, bei der Zubereitung oder schließlich beim Essen – denn wir, die Pflanzen und die Tiere sind es wert!

Anton, der Ochs

Da nach der Erfahrung mit Alma das Thema Leih-Milchkuh abgehakt war, nahm ich mir im Jahr darauf eine andere Beschäftigung mit auf die Alm: Ochse Anton. Das kam nicht von ungefähr. Die freiwillige Feuerwehr in Wallgau feierte im Jahr 2016 ihr 125-jähriges Bestehen, und anlässlich dieses Jubiläums würde sie ein Ochsenrennen veranstalten. Da die Tiere beim Start ausgewachsen, also mindestens zweieinhalb Jahre alt sein mussten, hatte die Feuerwehr das Rennen über zwei Jahre davor angekündigt. So kam es, dass sich Ende 2013, Anfang 2014 ein jeder im Dorf, der irgendwie Platz dafür hatte, einen Ochsen anschaffte. Aus Gründen des Zusammenhalts und damit es ein richtiges Dorfspektakel werde, hatten wir uns damals entschlossen, ebenfalls an dem Rennen teilzunehmen, und ich bekam von meinem Mann zu Weihnachten 2013 ein Ochsenbaby geschenkt. Es war sehr lustig zu beobachten, wie viele Leute nun mit einem Ochsen an der Leine Gassi gingen, um das Tier an sich zu gewöhnen. Auch wir spazierten mit unserem Anton durchs Dorf. Für die Kinder war es ein Vergnügen, denn Anton war sehr zutraulich und kinderlieb und, wer hätte das von einem Ochsen angenommen, unglaublich verschmust. Er lief uns hinterher wie ein kleiner Hund. Im ersten Sommer durfte er auf die Wallgauer Alm, wo er sich umgehend bekannt machte, denn vor lauter Zutraulichkeit stand er gleich mal mitten in der Gaststube. Den zweiten Sommer verbrachte er auf der gegenüberliegenden Fischbachalm. Dort kletterte Anton, ein Tiroler

Grauvieh und daher sehr »geländetauglich«, selbst die steilsten Hänge Richtung Soiernhaus hinauf, um vom Hüttenwirt eine alte Semmel zu erbetteln.

Lange Zeit war Anton so klein, dass ich mich nicht auf ihn setzen konnte, und auf einmal war er ganz schön groß. Im Frühling 2016 hatten wir mit dem Reittraining beginnen wollen. Nur hatten wir uns das einfacher vorgestellt, als es dann war. Irgendwie lief uns die Zeit davon, vor allem, weil wir bei den ersten Trainingsstunden zu zweit sein mussten: Ich sollte reiten und mein Mann Anton führen. Aber vormittags, wenn ich Zeit hätte erübrigen können, weil die Kinder im Kindergarten oder in der Schule waren, war Schorschi in der Arbeit, und abends, wenn Schorschi zu Hause war, waren natürlich auch die Kinder da, musste Abendessen gerichtet, mussten Hausaufgaben kontrolliert werden und so weiter und so fort. Und wenn wir doch mal Zeit hatten, wollte das Training nicht so klappen, wie wir es uns vorgestellt hatten beziehungsweise wollte Anton nicht so wie wir. Sobald ich auf ihm saß, tat er keinen Schritt mehr. Da kam mir die Idee, ihn mit auf die Alm zu nehmen, um mich dort intensiv mit ihm zu beschäftigen. Meine Bauern waren einverstanden, und so kam Anton auf die Alm ins Trainingslager.

Viel Zeit für intensives Training blieb mir nicht, denn bereits Anfang August war das Rennen. Ich genoss es trotzdem, dass Anton mit dabei war. Zu Beginn wich er nicht von meiner Seite. Ich musste ihn abends auf die Weide begleiten, wo ich mich dann erst für ein Weilchen neben ihn setzte, bevor ich versuchte, mich davonzuschleichen. Die ersten zwei Tage half alles Schleichen nicht, denn spätestens, wenn ich an der Hütte angelangt war, hörte ich Anton angerannt kommen. Ab dem dritten Tag wurde es deutlich besser, mein Ochse gewöhnte sich an die Damenschar, an das Leben auf der Alm und schien die Freiheit nun auch zu genießen. Was blieb – und was mich sehr berührte –, war, dass er auf mein Rufen hin sofort herbeigetrabt kam und mir folgte. Wenn schlechtes Wetter war und meine Damen nicht heimkommen wollten, stieg ich den Berg hinauf und rief nach Anton. Es dauerte nicht lang, da antwortete er mir aus dem Nebel mit einem »Muh«, kurz darauf hörte ich seine Glocke, und dann stand er auch schon vor mir. Und hinter ihm das gesamte weibliche Gefolge. Phänomenal!

Nur das mit dem Reiten funktionierte nach wie vor nicht so, wie ich mir das vorgestellt hatte. Anton bewegte sich nur, wenn Luise mit einem Eimer Kraftfutter vor ihm herlief. Dann kam der 6. August, der große Tag des Ochsenrennens. Wir waren beide schrecklich nervös – bei fünftausend Zuschauern kein Wunder –, und so kam es, wie es kommen musste. Anton warf mich sofort nach dem Startschuss ab, und während ich mich unter dem Gejohle und Gefeixe der Zuschauer aufrappelte, einerseits stinksauer wegen der Blamage, andererseits heilfroh, keinen Tritt von einem der anderen Viecher abbekommen zu haben, die links und rechts an mir vorbeigestürmt waren, galoppierte mein Ochse als erster ins Ziel. Und sicherte sich den letzten Platz, denn ohne Reiter kein Preis. Trotzdem möchte ich die Zeit mit Anton nicht missen, wie auch sonst keiner in der Familie, denn wir hatten viele schöne Momente mit dem im Grunde braven und so anhänglichen Tier.

Wie von Anfang an vorgesehen, brachten wir Anton bald nach dem Rennen zum Schlachter. Und wie bei Helga, die als Suppenhuhn im Topf landete, und bei Ferdinand und Fridolin aßen wir das Fleisch mit Genuss, weil wir wussten, dass das Tier ein schönes Leben gehabt hatte.

Wie geht es wohl weiter?

In den letzten paar Jahren gab es einige große Umbrüche in meinem Leben. Zuerst kam der Umzug von Wallgau, einem paradiesischen Dorf im oberen Isartal, zurück zu meinen Wurzeln nach Burghausen, mitten hinein in die Stadt. Der Grund dafür war, wie schon erwähnt, dass ich in die Dirndlmanufaktur meiner Mutter eingestiegen bin. Die Arbeit macht mir sehr viel Spaß, aber es war natürlich eine gewaltige Umstellung, nach vielen Jahren als »Nur-Mutter« berufstätig zu sein. Zum einen musste ich mich überhaupt erst einmal einarbeiten sowie an das Berufsleben an sich gewöhnen, und zum anderen musste ich den Job und vier schulpflichtige Kinder unter einen Hut bringen, was wahrlich eine Herausforderung ist. Schorschi lebte, schon beruflich bedingt, die meiste Zeit in Wallgau, was bedeutete, dass ganz generell das Familienleben neu organisiert werden musste.

Ende 2019 kam dann, was sich schon seit Längerem angekündigt hatte: die Trennung von meinem Mann und mir. So schwer und schmerzhaft das Ende auch war, schaue ich dennoch mit Dankbarkeit auf die gemeinsamen schönen Jahre zurück und bin Schorschi dankbar für alles, was er für mich getan hat, und dass er es mir immer ermöglicht hat, auf die Alm zu gehen.

Wenige Wochen später fand das Covid-19-Virus seinen Weg nach Deutschland. Bald darauf war Homeschooling angesagt, was mit vier Kindern in unterschiedlichen Jahrgangsstufen der pure Stress war. Je länger die Krise dauerte, desto drängender wurde auch die Sorge, wie es mit unserer Dirndlmanufaktur weitergeht, denn der Ausfall des Münchner Oktoberfests und anderer Volksfeste, die Absage großer Hochzeitsfeiern und anderer Anlässe, zu denen oft Tracht getragen wird, haben uns erhebliche Einbußen beschert. Erst auf der Alm kam ich endlich wieder zur Ruhe, zum Nachdenken und Nachfühlen. Durch die Trennung von Schorschi war ich das erste Mal allein mit den Kindern auf einer Alm. Das war an sich nichts Neues, denn außer in dem Jahr auf der Zöttbachalm war Schorschi immer nur zu Besuch auf der Alm, vom Gefühl her aber war es nun völlig anders. Erst jetzt wurde es mir so richtig bewusst: Ich bin jetzt mit meinen vier Kindern allein.

Die Kinder haben natürlich ebenfalls mit der Trennung zu kämpfen. Ihren Vater, der zweihundert Kilometer von uns entfernt wohnt, sehen sie nur noch selten. Vor allem Seppi, nun der einzige »Mann« unter vier Frauen, leidet unter der Trennung und verbringt seither viel Zeit mit meinem Papa – seinem Opapa. Auf der Alm verarbeitete er viel von dem, was geschehen war, im Spiel mit Playmobilfiguren; das hörte ich aus den Dialogen, die er sich für seine Spielfiguren ausdachte. Und mit den Jungen der Nachbaralmen konnte er sich körperlich austoben, auch mal seine Kräfte beim Raufen messen. In der Schule sind Raufereien mittlerweile verpönt, doch ich halte sie, solange sie nicht ausarten, für völlig in Ordnung und auch wichtig. In der Natur ist ein spielerisches Kräftemessen unter Jungtieren ja auch ganz normal. Und mir ist es in jedem Fall lieber, wenn er ab und zu mit einem anderen Buben rauft und dabei überschüssige Kräfte abbaut als Ego-Shooter auf dem Computer spielt. Nicht nur Seppi, auch mir und meinen Mädchen tat die Alm in diesem für uns alle schwierigen Jahr besonders gut. Sie hat uns alle »runtergeholt«, entschleunigt. Vier Wochen ohne Schule, ohne Musikunterricht und Sport, was ihnen zwar Spaß macht, den Alltag aber auch eng taktet. Auf der Alm können sie einfach wieder spielen und Kinder sein, ohne irgendwelche Verpflichtungen.

Und mir wurde wieder einmal bewusst, wie naturverbunden ich bin, dass die Natur für mich ein Lebenselixier ist und wie sehr sie mir in Burghausen fehlt. Wenn ich nach einem stressigen Tag abends im Grünen sein kann, geht es mir gleich besser – auch wenn dieses »Grüne« je nach Jahreszeit auch mal weiß oder braun ist. Daher ist für mich klar, dass ich wieder auf dem Land wohnen will, sobald die Kinder die Schule hinter sich haben. In dieses Sinnieren mischte sich bald ein neuer Gedanke: Unser Familienunternehmen soll »grüner« werden. Bei unserem Essen achte ich ja schon seit Langem darauf, jetzt will ich auch im Familienunternehmen das Augenmerk noch stärker, als es meine Mutter schon bisher getan hat, auf Nachhaltigkeit und Ökologie legen.

Kurz gesagt: Mittlerweile kann ich wieder nach vorn schauen, kann auch schon wieder träumen, zum Beispiel eben von einem Haus im Grünen. Und natürlich vom nächsten Almsommer. Ich habe mittlerweile meinen elften Almsommer hinter mir und bin dieses Lebens kein bisschen überdrüssig, im Gegenteil. Auch nach so vielen Jahren packt mich spätestens im Herbst wieder das Alpweh, und ich fiebere dem nächsten Sommer entgegen. Die Almsommer verleihen mir eine Bodenhaftung, zeigen mir immer wieder, worauf es im Leben eigentlich ankommt und dass man wenig braucht, um glücklich zu sein. In den vielen Sommern als Sennerin habe ich mir zudem einen wertvollen Schatz an Fertigkeiten zugelegt. Ich kann Bäume fällen und Feuer machen, ich kann mit allen gängigen Werkzeugen umgehen, ich weiß, wie man eine Kuh melkt, wie man Butter und Käse macht, und kann noch ein paar Dinge mehr, die mir als Ganzes eine große Sicherheit geben, weil ich weiß, dass ich im Notfall überleben könnte. Diese Fähigkeiten will ich mir erhalten, und außerdem macht mir das alles unheimlich viel Spaß.

Eine Almstelle zu finden, die meinen Vorstellungen entspricht, ist jedoch nicht so einfach. Im Lauf der Jahre haben sich da einige Wünsche herauskristallisiert. 2011 und 2012 hatten wir eine geräumige Hütte, dafür aber für meinen Geschmack zu viel Komfort. Auch im Sommer 2020 hatten wir mit der Wildalm in Österreich eine Hütte mit mehr als genug Platz, so viel, dass auch die Freunde der Kinder und andere Gäste übernachten konnten, ohne dass es wirklich eng geworden wäre. Doch war sie auch nicht meine Traumalm – für meinen Geschmack wieder mal zu neu und nicht urig genug.

Die Almhütte bestand außerdem quasi aus zwei Hütten unter einem Dach, in der einen Hälfte residierten meine Kinder und ich, in der anderen Senn Georg mit seiner Frau Loisi. Obwohl die beiden sehr lieb waren, war die Situation manchmal etwas stressig für mich. Immer hatte ich das Gefühl, die Kinder in ihrer Lautstärke einbremsen zu müssen – aus Rücksicht gegenüber den Nachbarn, vor allem abends. Denn Georg musste jeden zweiten Tag in aller Herrgottsfrüh aufstehen, um die Milch an der Sammelstelle abzuliefern. Dorthin war es ein gutes Stück zu fahren, und bereits um halb fünf Uhr morgens kam das Milchauto. Vermutlich hätte ich den Kindern einfach freien Lauf lassen können, Georg ist nämlich schon etwas schwerhörig. Eine Alm mit Milchkühen mag ich am liebsten. Erstens bekommt man zu Milchkühen eben wegen des Melkens eine engere Beziehung. Und zweitens begeistert es mich, wie gerne meine Kinder beim Melken helfen. Hatten Magdalena und Luise doch den ganzen Almsommer 2020 ihre »eigenen« fünf Milchkühe, die sie jeden Tag früh und abends selbstständig melkten. Und das mit großer Freude! Auch würde ich gerne wieder käsen können. Denn die wertvolle Milch zu veredeln und in ein köstliches Produkt zu verwandeln finde ich einfach spannend. Im Sommer 2021 werde ich, auch wenn es nicht meine perfekte Alm ist, wieder auf die Wildalm gehen, einfach weil die Nachbarn unglaublich nett sind und es den Kindern so gut gefallen hat. Am schönsten war es, wenn die Enkelkinder von Georg und Loisi hoch auf die Alm kamen. Drei Buben in ähnlichem Alter wie meine Kinder. Sie verstanden sich alle prächtig. Als uns dann noch die Freundinnen und Freunde meiner Kinder besuchten, tummelten sich zwölf Kinder auf der Alm – ein wahres Kinderparadies!

Mit vier schulpflichtigen Kindern muss natürlich auch der zeitliche Rahmen passen: vier bis maximal sechs Wochen während der Sommerferien in Bayern, also etwa zwischen Ende Juli und Anfang September. Die Lage ist ebenfalls ein wichtiger Aspekt für mich, wie ich jetzt weiß, denn wenn ich keinen freien Ausblick habe, fühle ich mich eingeengt und habe das Gefühl, nicht richtig durchschnaufen zu können. Für mich ein wesentlicher Punkt ist auch, dass ich mich mit den Bauersleuten gut verstehe und dass sie meine Arbeit wertschätzen. Es gab Bauern, die die Almhütte vor meiner Ankunft auf Vordermann brachten, die mich oft besuchten und bei der Gelegenheit Obst oder frische Semmeln mitbrachten oder die im Vorfeld sogar die halbe Hütte umbauten, damit ich und meine Kinder uns wohlfühlten. Sei es, dass die Terrasse vergrößert wurde, wir ein neues Bett, einen neuen Kleiderschrank oder ein extra breites Kinderbett bekamen. Ich war bei einigen wirklich lieben, aufmerksamen, hilfsbereiten und fürsorglichen Bauern, aber die Bauern der Wildalm, Evi und Reinhard, übertrafen sie alle. Und dazu war der Lohn außergewöhnlich gut.

Seit 2011 weiß ich im Grunde ganz genau, wie meine ideale Almhütte aussehen sollte. Damals wanderte ich mit den Kindern zur Hochlegeralm unseres Bauern, und als wir dort ankamen, traute ich meinen Augen nicht: Was für eine wunderschöne Alm! Schon die Lage und der weite, herrliche Ausblick waren atemberaubend! Und dann die Hütte! Uralt und urig. Sie bestand aus einem Stall und einer Stube mit einem Bett und einer offenen Feuerstelle. Sie war rauchgeschwängert, denn wie Generationen vor ihm kochte Sebi, der Senn, stets über dem offenen Feuer sein Essen, seinen Tee oder Kaffee. Und wenn ihm kalt war, entzündete er ebenfalls ein Feuer. Früher käste man dort sogar. Mit den einfachsten Mitteln Milch zu verarbeiten übt auf mich eine ungeheure Faszination aus. So gern wäre ich einmal Sennerin auf einer Alm mit einer derart kleinen und einfachen Hütte! Gut, ein Holzofen wäre mir vielleicht doch lieber als ein offenes Feuer, aber auf Strom und fließend Wasser kann ich gern verzichten!

Der Traum, einen Sommer auf einer urigen Hütte von anno dazumal zu verbringen, muss halt einfach noch warten. Und es schadet ja nie, noch Träume für die Zukunft zu haben.

Eines ist jedoch klar: Solange es sich mit meiner Arbeit vereinbaren lässt, werde ich im Sommer auf einer Alm zu finden sein.

Weitere Rezepte

Blaubeerschmarrn

Auf der Krumbachalm wuchsen sehr viele Blaubeeren beziehungsweise Heidelbeeren, die unerlässliche Zutat für den von uns allen geliebten Blaubeerschmarrn. Die wild wachsenden einheimischen Blaubeeren sind kleiner als die Kulturheidelbeeren aus dem Supermarkt, die aus der Amerikanischen Heidelbeere gezüchtet wurden, dafür haben sie ein viel intensiveres Aroma.

Zutaten für 4 bis 6 Personen

150 g Mehl
¼ l Milch
20 g brauner Zucker
1 TL Salz
3 Eier
50 g Blaubeeren
80 g Butter
Puderzucker zum Bestäuben

Zuerst Mehl, Milch, Zucker und Salz verrühren, dann nacheinander die Eier gut unterrühren. (Ich weiß: Eigentlich werden die Eier getrennt, zuerst nur das Eigelb in den Teig gerührt, dann das zu Schnee geschlagene Eiweiß untergehoben, damit der Kaiserschmarrn schön fluffig wird; aber, wenn ich es eilig habe, mache ich die schnelle Variante; funktioniert auch.) Die Blaubeeren vorsichtig unterheben.

Butter in einer großen Pfanne erhitzen. Den Teig hineingeben und etwa 5 Minuten braten, bis die Unterseite goldgelb ist. Wenden und bei schwacher Hitze fertig backen. Mit dem Pfannenwender und einem Kochlöffel in kleine Stücke reißen. Mit Puderzucker bestäuben und sofort servieren.

Apfelmus passt hervorragend dazu.

Auszogne

Trotz der vielen Arbeit auf der Alm gibt es traditionell einmal im Almsommer »Auszogne«. Meine Kinder lieben dieses Schmalzgebäck, zu Hause ist mir die Zubereitung jedoch meist zu aufwendig, denn Hefeteig braucht halt seine Zeit, außerdem gelingen mir die Schmalznudeln auf dem Holzofen wesentlich besser als daheim auf dem Elektroherd.

Zutaten für ca. 40 Stück

1 kg Mehl
1 Päckchen Trockenhefe oder 1 Würfel frische Hefe
1 Prise Zucker
Salz
2 Eier
500 ml Milch
Butterschmalz zum Frittieren – notfalls Öl
Evtl. Preiselbeermarmelade
Puderzucker zum Bestäuben

Mehl mit Hefe, Zucker, Salz, den Eiern und der Milch zu einem weichen Hefeteig schlagen.

Den Teig gehen lassen. Kleine Kugeln formen und mit dem Nudelholz rund auswalken. Die Teiglinge in der Mitte dünn ausziehen und im heißen Fett goldbraun ausbacken.

Mit Puderzucker bestäuben.

Meine Kinder lieben es, wenn vor dem Bestäuben etwas Preiselbeermarmelade in die Vertiefung gegeben wird.

Auf der Alm entdeckte ich meine Leidenschaft für Kräuter, im Besonderen für Heilkräuter. Hier habe ich so viel vor der Nase: Thymian, Frauenmantel, Schafgarbe, Pfefferminz, Spitzwegerich, Arnika und vieles mehr. Manches, was auf einer Alm nicht wild wächst, worauf ich aber nicht verzichten will, bringe ich als Topfpflanze mit und pflanze es aus. Liebstöckel ist so ein Fall, weshalb auf jeder Alm, auf der ich bisher war, »Maggibäume« wachsen, denn das Kraut wuchert wie verrückt und kann bis zu zweieinhalb Meter hoch werden. Es passt zu fast allem, zum Beispiel zu Suppen, Eierspeisen und Pilzgerichten, fördert außerdem die Verdauung und hilft bei Blähungen, ist also, wie so viele Kräuter, Gewürz und Heilmittel in einem. Und man kann daraus »Maggi« herstellen, denn Liebstöckel schmeckt tatsächlich wie die Würze mit dem bekannten Namen. Nur dass »Das gewisse Tröpfchen Etwas« – so der Slogan auf dem Etikett der charakteristischen braunen Flasche – kein Gramm Maggikraut enthält, dafür jede Menge Aromen, Geschmacksverstärker und Salz. Liebstöckel hingegen ist ein echter Allrounder.

Ich las im Lauf der Jahre unzählige Bücher über Kräuter, probierte allerhand Rezepte aus, stellte Tees, Cremes, Salben, Öle und Tinkturen her und eignete mir so umfangreiche Kenntnisse an. Jetzt, da meine Kinder schon etwas älter und verständiger sind, versuche ich, dieses Wissen über Kräuter und sonstiges Essbares, das es auf der Alm zu finden gibt, an sie weiterzugeben. Es bereitet mir unbändige Freude und erfüllt mich mit Zufriedenheit, wenn ich sehe, wie sie meine Liebe zur Natur und zu natürlicher Ernährung aufgreifen und weiterleben. Bei jeder Wanderung halten sie Ausschau nach Kräutern und Beeren.

Brennnesselchips

Zutaten

125 g Butterschmalz
1 Schüssel frische, junge Brennnesselblätter
Salz

Butterschmalz erwärmen, Brennnesselblätter darin frittieren, abseihen und mit Salz würzen.

Brennnesselbrot

Zutaten

600 g Dinkelmehl
Salz
1 Päckchen Trockenhefe oder 1 Würfel frische Hefe
ca. 400 ml Wasser
100 ml Olivenöl
100 g Brennnesselspitzen

Mehl, Salz und Trockenhefe mischen, Wasser hinzufügen und zu einem glatten Teig kneten.

Die Hälfte des Olivenöls unterkneten, und den Teig gehen lassen. Die Brennnesselspitzen waschen und trocken tupfen, die Blätter vom Stiel zupfen, klein schneiden und unter den Teig kneten.

Einen Laib formen, auf ein Backblech legen und mit dem restlichen Olivenöl bestreichen, 10 Minuten gehen lassen. Im vorgeheizten Backofen (180 °C) etwa 30 Minuten backen.

Statt einen Laib Brot kann man aus dem Teig auch Semmeln (Brötchen) machen. Dann verringert sich die Backzeit auf etwa 20 Minuten.

Heublumensirup

Zutaten

1 l Wasser
1 kg Zucker
10 g Zitronensäure
1 Bio-Zitrone
2 Handvoll Bergheu

Wasser aufkochen und zugedeckt auskühlen lassen. Zucker und Zitronensäure darin auflösen. Die Bio-Zitrone in Scheiben schneiden und mit dem Bergheu in das Zuckerwasser geben. In einem geschlossenen Gefäß im kühlen Keller 24 bis 48 Stunden ziehen lassen (täglich umrühren). Die Flüssigkeit durch ein Tuch abseihen und in Flaschen abfüllen.

Den Sirup mit Wasser oder Mineralwasser verdünnen, Eiswürfel, eine Zitronenscheibe und ein Minzblättchen dazugeben, und fertig ist ein erfrischender Sommerdrink!

Pfefferminzsirup

Zutaten

2 Handvoll Pfefferminze (Blätter und Stängel)
1 l Wasser
1 kg Zucker
1 Zitrone
10 g Zitronensäure

Pfefferminzblätter mit kochendem Wasser übergießen und abkühlen lassen. Danach eine in Scheiben geschnittene Zitrone dazugeben und das Ganze für 12 Stunden ziehen lassen. Zucker und Zitronensäure zufügen und den Sirup in Flaschen füllen.

Latschenkiefernschnaps

Zutaten

1 Handvoll grüne Latschenkiefernzapfen
1 l Ansatzkorn (38 %)
3–5 EL Kandiszucker (oder Honig)

Zapfen je nach Größe halbieren oder vierteln, mit dem Kandiszucker in Korn einlegen. Das Ganze 3 Wochen ziehen lassen, abseihen und für 3 Monate nochmals ziehen lassen, dann bekommt der Schnaps noch mehr Aroma. Prost!

Spitzwegerichsirup (Erdkammersirup)

Ein Husten- und Schleimlöser

Zutaten

Je nach Größe des Glases, das man verwendet
ca. 2 Handvoll Spitzwegerichblätter
250 g Zucker oder Honig

Spitzwegerichblätter waschen und gut trocknen, dann abwechselnd mit Zucker oder Honig in ein Schraubglas schichten, mit Zucker oder Honig abschließen. Das Glas verschließen und etwa einen halben Meter tief in der Erde vergraben. Dort sollte das Gemisch mindestens 6 Wochen ziehen, wodurch sich ein zähflüssiger Sirup entwickelt. Das Vergraben in der Erde dient dazu, eine konstante Temperatur zu gewährleisten. Heutzutage kann man das Glas auch in den Keller stellen, wenn dort gleichmäßige kühle Temperaturen herrschen.

Nun den Sirup abseihen, in ein sauberes dunkles Gefäß füllen und im Kühlschrank aufbewahren.

Bei Husten mehrmals täglich einen Teelöffel des Sirups einnehmen.

Thymiansalbe

Hustensalbe zum Einreiben der Brust

Zutaten

1 gute Handvoll Thymian
100 ml Olivenöl
10 g Bienenwachs

Thymian in Öl einlegen – der Thymian sollte vollständig bedeckt sein – und drei Wochen ziehen lassen. Danach abseihen, das Öl über einem Wasserbad erwärmen, Bienenwachs dazugeben und rühren, bis sich das Wachs aufgelöst hat. Die Masse abkühlen lassen und in saubere, dunkle Cremetiegel abfüllen.

Beifußöl

Zum Einreiben bei Muskelkater oder Verspannungen

Zutaten

1 gute Handvoll frischer Beifuß (Wurzeln und Blätter)
100 ml Olivenöl

Die Beifußwurzeln und -blätter säubern, klein schneiden und in Öl einlegen – der Beifuß sollte vollständig bedeckt sein – und zwei bis drei Wochen ziehen lassen. Dann abseihen und das Öl in ein sauberes dunkles Gefäß füllen.

Lärchenpechsalbe

Eine Zugsalbe

Zutaten

80 ml Olivenöl
30 g Lärchenharz
10 g Bienenwachs

Olivenöl in ein Glas füllen und im Wasserbad erwärmen. Das Baumharz zum Öl geben und mit einem Zahnstocher oder dem Stiel eines Holzlöffels umrühren, bis sich das Harz gelöst hat. Die Rückstände abseihen. Das Glas wieder ins Wasserbad stellen, Bienenwachs hinzugeben und unter Rühren schmelzen, bis es sich aufgelöst hat.

In saubere dunkle Cremetiegel füllen.

Gesichtscreme

Das Rezept habe ich selbst entwickelt und mische es »frei Schnauze«, weshalb die folgenden Mengenangaben geschätzt sind.

Zutaten

Je 1 Handvoll Schafgarbe und Frauenmantel
100 ml Jojobaöl
50 g Lanolin
25 g Bienenwachs
50 ml Weizenkeimöl
2 EL Aloe vera

Die Schafgarbe und den Frauenmantel getrennt in Jojobaöl einlegen und 4 Wochen ziehen lassen. Abseihen, mit Lanolin, Bienenwachs und Weizenkeimöl erwärmen, bis die Wachse geschmolzen sind. Aloe vera dazugeben und die Mischung in saubere dunkle Cremetiegel füllen.

Nützliche Adressen

Wer jetzt immer noch – oder vielleicht jetzt erst recht – Interesse daran hat, als Senn oder Sennerin auf eine Alm zu gehen, wendet sich am besten an einen der Almwirtschaftsvereine. Die Kontaktdaten und weitere hilfreiche Informationen findet man auf der jeweiligen Website:

Deutschland: almwirtschaft.net und alpwirtschaft.de
Österreich: almwirtschaft.com
Schweiz: zalp.ch

Glossar bayerischer Ausdrücke

Auszogne → eine Spezialität mit vielen Namen: Knieküchle, Kirchweihnudel, Schmalznudel, Bauernkrapfen ... Dieses in der Mitte hauchdünne Schmalzgebäck mit dickem Rand verdankt seinen Namen der Legende, dass die Bäckerinnen früher den Teig über ihrem Knie zur gewünschten Form »auszogen«.

Batz → Morast, Schlamm, Dreck, Pampe

Depperl → Verniedlichungsform zu »Depp«, Idiot

Dramhapert → unkonzentriert, benebelt

Gackerlgelb → auffallend kräftiges Gelb, wie das eines Eidotters. Ein »Gackerl« ist eigentlich das ganze Hühnerei, weil das Huhn ein gelegtes Ei mit »Gack, gack, gack« kundtut.

Gepritschel → siehe Pritscheln

Gsatzl → Textabschnitt, Vers

Gspinnert → verrückt

Gwand (mit langem, tiefem a) → Kleidungsstück oder generell Kleidung. Nicht zu verwechseln mit dem Adjektiv »gwand« (mit kurzem, hohem a), das folgende Bedeutungen haben kann: geschickt, praktisch, tüchtig.

Henna → Huhn, Henne

Jause (österr.) → Brotzeit, Vesper

Kraxe → Tragerucksack

Milchkammerl → Verkleinerungsform von Milchkammer

D' Musi (wörtlich »die Musik«) → Volksmusikanten

Pritscheln, Gepritschel → (mit Wasser) herumspritzen, planschen

Reherl → Pfifferling

Schwammerl → Pilze

Seiher → Sieb für Flüssigkeiten

Semmel → Brötchen

Treibauf → sehr aktiver, quirliger Mensch, der nur schwer still sitzen kann; Wildfang.

Wuzerl → süßes (Tier-)Baby

Zuhaus (Betonung auf der ersten Silbe) → Austragshaus: kleineres Wohnhaus auf einem Bauernhof, in dem die Altbauern wohnten, nachdem sie den Hof an den Erben übergeben hatten

Zuzeln → saugen

Danksagung

Bedanken möchte ich mich bei

meinen Kindern, die mein Leben reich und bunt machen und das Buch überhaupt entstehen ließen,

Sabine Wünsch, die das Buch so schrieb, dass ich mich darin genau wiedererkenne,

dem Ludwig Verlag, dort vor allem bei Heike Plauert und dem gesamten Team, die mir dieses Buch ermöglicht haben,

Bettina Breitling, für die Knüpfung der richtigen Kontakte,

meiner Schwester und besten Freundin Sophie natürlich, für ihre Hilfe, ohne die ich es die ersten Jahre nicht geschafft hätte, und für den Spaß, den wir hatten und der uns bis heute Lachtränen beschert,

meinen großartigen Eltern Manuela und Norbert, die mich in jeder Lage unterstützen und *immer* für mich und meine Kinder da sind,

meiner Großcousine Karolina, für ihre Hilfe und die vielen schönen Momente, meinem Onkel Stephan, der mich hartnäckig antrieb, das Buchprojekt zu vollenden,

Barbara Kraus, für ihren Zuspruch und ihre Motivation,

Lisbeth und Albert, meinen ersten Almbauern, für das Vertrauen, das sie mir schenkten, indem sie mich als blutige Anfängerin anstellten,

Christoph und seinen Eltern Gertrud und Hugo, auch für die fürsorgliche Betreuung – nicht nur während der Almzeit,

Evi und Reinhard, den Almbauern von der Wildalm, für die unheimlich liebevolle, hilfsbereite und großzügige Unterstützung,

meinen Almnachbarn Emma, Resi und Toni, Mali und Toni, Rudi, Adi, Georg und Loisi sowie Heidi und Martin mit ihren tollen Kindern Dominik, Manuel und Jakob, die mir alle gute Freunde geworden sind,

einem besonderen, seelenverwandten Menschen, der mir im Jahr 2020 eine wichtige Stütze war,

und zu guter Letzt bei meinem Ex-Mann Schorschi, für unsere wunderbaren Kinder und alles, was er mir ermöglicht hat.

Bildnachweis

Textteil

S. 14/15 © Privatarchiv Julia Barbarino; Nachbergalm 2012

S. 20/21 © Privatarchiv Julia Barbarino; Nachbergalm 2012

S. 28/29 © Privatarchiv Julia Barbarino; Wanderung zur Gindelalm 2007

S. 36/37 © Privatarchiv Julia Barbarino; Krumbachalm 2009

S. 64/65 © Privatarchiv Julia Barbarino; Magdalena, Krumbachalm 2008

S. 72/73 © Privatarchiv Julia Barbarino; Luise, Nachbergalm 2012

S. 88/89 © Privatarchiv Julia Barbarino; Julia, Magdalena und Luise beim Milch zentrifugieren, Zöttbachalm 2011

S. 108/109 © Privatarchiv Julia Barbarino; Nachbergalm 2012

S. 125 © Privatarchiv Julia Barbarino; Seppi und Karolina, Labeggalm 2016

S. 148/149 © Privatarchiv Julia Barbarino; Seppi, Nachbergalm 2012

S. 158/159 © Privatarchiv Julia Barbarino; Seppi, Karolina, Magdalena und Luise, Labeggalm 2016

S. 188/189 © Kay Blaschke; Julia mit Kuh Vroni, Wildalm 2020

S. 224/225 © Kay Blaschke; Karolina und unser Huhn Pia, Wildalm 2020

S. 243 © Privatarchiv Julia Barbarino; Wildalm 2020

S. 254/255 © Kay Blaschke; Karolina und Julia, Wildalm 2020

Bildteil

S. 1 © Privatarchiv Julia Barbarino; Krumbachalm 2008

S. 2/3 © Privatarchiv Julia Barbarino; Labeggalm 2015

S. 4 © Privatarchiv Julia Barbarino; Seppi, Nachbergalm 2012

S. 5 © Privatarchiv Julia Barbarino; oben: Luise beim Kühe holen, Nachbergalm 2012; unten: Magdalena beim Kühe holen, Wildalm 2020

S. 6/7 © Privatarchiv Julia Barbarino; Krumbachalm 2009

S. 8 © Privatarchiv Julia Barbarino; oben: Sophie beim Vormelken, Labeggalm 2008; unten: Julia beim Melken Wildalm 2020

S. 9 © Kay Blaschke; Luise beim Milchkannen entleeren, Wildalm 2020

S. 10 © Kay Blaschke; Julia und Luise, Wildalm 2020

S. 11 © Privatarchiv Julia Barbarino; oben: Magdalena, Seppi, Schorschi und Luise bei der Stallarbeit, Nachbergalm 2012; unten: Luise, Krumbachalm 2010

S. 12/13 © Privatarchiv Julia Barbarino; Seppi, Karolina und Luise beim Milchtransport, Labeggalm 2017

S. 14 © Privatarchiv Julia Barbarino; Julia beim Käsen: Bruch mit der Käseharfe schneiden, Zöttbachalm 2011

S. 15 © Privatarchiv Julia Barbarino; oben: Käse abfüllen; unten: Käse pressen

S. 16/17 © Privatarchiv Julia Barbarino; Nachbergalm 2012

S. 18 © Privatarchiv Julia Barbarino; Magdalena: Baden mit Ausblick, Krumbachalm 2008

S. 19 © Privatarchiv Julia Barbarino; Seppi und Luise beim Freiluftbaden, Labeggalm 2015

S. 20/21 © Privatarchiv Julia Barbarino; Seppi beim Abspülen, Labeggalm 2018

S. 22 © Privatarchiv Julia Barbarino; oben und unten: Fridolin und Ferdinand, Zöttbachalm 2011

S. 23 © Privatarchiv Julia Barbarino; oben: unsere Hühner Hedwig, Hilde und Hannah, Krumbachalm 2009; unten: Luise mit Huhn Frieda, Krumbachalm 2010

S. 24 © Privatarchiv Julia Barbarino; oben: Karolina Labeggalm 2017; unten: Mutterglück – Kuh Asta mit Kälbchen Benjamin, Krumbachalm 2010

S. 25 © Privatarchiv Julia Barbarino; Seppi, Krumbachalm 2010

S. 26/27 © Privatarchiv Julia Barbarino; Karolina beim Schnitzen, Labeggalm 2019

S. 28 © Uli Reffle (oben); Krumbachalm 2008; © Privatarchiv Julia Barbarino (unten); Luise, Krumbachalm 2009

S. 29 © Privatarchiv Julia Barbarino; oben: Sophie beim Kochen, Krumbachalm 2008; unten: Auszogne, eines unserer Almlieblingsessen, Labeggalm 2015

S. 30/31 © Privatarchiv Julia Barbarino; Kuh Alma, Labeggalm 2015

S. 32 © Privatarchiv Julia Barbarino; Magdalena und Luise beim Baden, Krumbachalm 2009

S. 33 © Privatarchiv Julia Barbarino; oben: Abendstimmung, Nachbergalm 2012; unten: Baden unterm Sternenhimmel, Labeggalm 2018

S. 34 © Privatarchiv Julia Barbarino; oben: Morgenstimmung auf der Nachbergalm 2012; unten: Übernachtung auf unserer Terrasse, Labeggalm 2017

S. 35 © Privatarchiv Julia Barbarino; oben: Gipfelübernachtung, Nachbergalm 2012; unten: eine Hütte auf der Nachbergalm 2012

S. 36/37 © Privatarchiv Julia Barbarino; Magdalena, Seppi und Luise, Nachbergalm 2012

S. 38 © Privatarchiv Julia Barbarino; unser Ausblick aus der Hütte, Nachbergalm 2012

S. 39 © Privatarchiv Julia Barbarino; oben: Seppi, Zöttbachalm 2011; unten: Karolina, Nachbergalm 2012

S. 40/41 © Privatarchiv Julia Barbarino; Morgenstimmung auf der Nachbergalm 2012

S. 42 © Privatarchiv Julia Barbarino; oben: Luise mit unserem Huhn Vroni, Wildalm 2020; unten: Luise, Labeggalm 2016

S. 43 © Kay Blaschke; Karolina, Wildalm 2020

S. 44/45 © Privatarchiv Julia Barbarino; Sulmtaler Hühnermama mit ihren Küken, Zöttbachalm 2011

S. 46/47 © Privatarchiv Julia Barbarino; Magdalena, Labeggalm 2018

S. 48 © Kay Blaschke; Kuh Annabell, Wildalm 2020